走出一條不平凡的領導之路

黑幼龍是如何做到的

黑幼龍——著
謝其濬——採訪整理

自序——幫更多人，成為不平凡的人

想到要為自己的這本書說幾句話時，首先聯想到的竟然是勞勃．瑞福與梅莉．史翠普合演的電影《遠離非洲》！記得片中有一句話意思是說：

「這世上有不少平凡的人，但卻做了很多不平凡的事。」

我今年已經八十歲了。了解我的人都知道，我很平凡。但當讀書共和國出版集團業務平台李雪麗總經理邀我寫一本有關「領導力」的書，以至於引我回顧自己一生點點滴滴的時候，我要承認，電影中的這句話真的很震撼。

不然，怎麼眼前會出現這部四十年前的電影中這段情節呢？

回想過去這三十多年，從創辦中文卡內基訓練，並帶著一群夥伴將之推廣、延伸、創新，影響到四十多萬人的一生時，我真的在領導力方面做了些「不平凡的事」——主要是，幫助了很多其他人，成為不平凡的人。

如今，有機會將這些真實的人、事、物與大家分享，怎不令人興奮！好比說，這三十多年來，怎麼會有幾十人，從二十多歲起，一直跟我工作到夠資格退休的年齡（已經有五人真的退休了），而且直到今天還在繼續全心投入？特別是在一家待遇不算高、福利不算特別好的中小企業！我覺得，那要歸因於我幫助了他們發揮潛力，做了很多不平凡的事。這，就跟領導有關了。

我是帶著感恩的心情，在這本書中分享我在領導方面的心路歷程。坦白說，如果我離開世上時，沒有在這世界留下這本書，可能會覺得很遺憾。

做一件了不起的事

王力宏在這本書中表示，他在念音樂學院時，班上有很多才華洋溢的同學，他們後來不知為何中途而廢了，沒落了，不見了。而王力宏卻一路挺進，有了今天。

雖然我很高興王力宏對我們的卡內基訓練這麼肯定，但當你看到他對人際溝通的學習那麼投入，對各類領導人與其風格的讚賞時，除了會覺得：「Oh, My God!」怎麼一位天王巨星也如此這般的學習領導之外，要是你也能看到王力宏的表情、聲音流露出來的感恩之心，那就更好了。透過這本書，讓很多人更了解王力宏鮮為人知的一面，我真的覺得自己做了一件了不起的事。

我相當能體會王力宏的那種感想。早年，我在空軍的學校就讀時，很多同學也比我優秀得多。我能有今天，感恩之心可能比王力宏更強。

二〇一六年，空軍技術學院慶祝八十週年，沈一鳴司令（就是今年初殉職的參謀總長）將「卓越傑出校友獎」頒給我，並安排我在典禮上演講。我站在台上，看到台下將星雲集。演講一開始，我引用的就是美國脫口秀天后歐普拉在哈佛大學演講的開場，她大聲的說：「I am in Harvard!」因為有點不可思議。一個密西西比州窮苦家庭長大的黑人女孩，十九歲就未婚生子，在極度困難的演藝界打拚……現在竟然能站在哈佛大學的講壇上。

就相當程度而言，我也是帶著類似歐普拉的這種心情，與你們分享我在領導方面的心路歷程的。「我來自偶然，像一顆塵土……」

學校沒教的領導力

雖然你們在這本書裡看不到什麼領導管理的理論，但我還是先與你們分享些領導的資訊吧！

員工對工作的熱心投入度，會直接影響到績效及生產力。那些準時上下班，照規定把工作做完，都不算是全心投入哦！研究調查結果是，在美國，全心全意投入工作者只有二九％，造成的年度損失是三千五百億美元。台灣的全心投入工作者只有八％，至於造成的損失呢？沒人統計過。

如何才能鼓舞員工士氣，讓他們全心投入呢？那就要靠領導人會不會激勵員工，營造快樂、信任、相互關懷的工作環境了。不知道，我們有多少領導人了解這個關鍵，並且有此功力，願意投入更多的時間，做這件重要的事？

另一項調查顯示：員工離職的原因，有五一％，也就是一半以上，是因為與主管相處得不好而離開；亦即領導人的風格、為人，是員工離職率（或忠誠度）的主要關鍵。天知道，離職率高帶來的損失有多大！

既然有這麼多證據在眼前，「領導力」為什麼還是那麼難培養呢？

多年前，我有幸與嚴長壽先生一起巡迴演講。嚴先生提到，現今我們最需要的能力，都是考試考不出來的。輪到我發言的時候，我補充說，現今我們最需要的能力，都是學校沒有教的，多半家裡也沒有教的。我們有多少人在學校裡學過溝通、熱忱、領導？學校可能連這種課都沒有。那我們就只有在進入職場後，再繼續學習囉！

跨界領導人的見證

因而我要在此特別感謝王力宏的分享。他見證了，即使是天王巨星，也需要學習做一位更上層樓的領導人，而且能享受學習過程的樂趣。

還要感謝中鋼的翁朝棟董事長。他從中鋼基層一直做到董事長的最高點，也是一路都在進修學習。從翁董事長的見證中，能感受到他對中鋼有一種使命感，心目中想的是中鋼五十年後的樣子。記得上次在台北一〇一大樓辦公室與翁董事長見面，他還提到，該為中鋼高階領導辦一次訓練了。

主管台積電歐亞區業務的何麗梅，是我的好朋友。每次在電視上看到她穿著白色套裝，坐在台積電創辦人張忠謀先生旁邊，我都有一種引以為榮的感覺。何麗梅是卡

很高興，我從一個人變成二十個人，而且都是敬天愛地的「好」人。
其實，最需要領導力的是家庭。家人比同事更需要包容、諒解、激勵與輔導他們成長。

內基訓練的代表，參加過我們的五、六種課程，我們也都是天主教友。

何麗梅和我有兩位共同的好朋友：丁松筠、丁松青神父。「大丁」神父是我的貴人，我的人生因他而蛻變，他已經離開了。「小丁」神父是一位藝術家。何麗梅現正與小丁一起在苗栗，要改建一座令人嘆為觀止的彩繪玻璃教堂。那將會是教友們未來沉思與朝聖的好地方。

麗明營造董事長吳春山，是一位活出卡內基精神的領導人。公司內四、五百位同事，從工地工人，到建築師都有。麗明營造因大膽承建臺中國家歌劇院、嘉義故宮南院而成為知名企業。但更重要的是，春山身體力行的領導風格，例如二十多年來，公司內部從未間斷的晨間讀書會，他將整個公司變成一個學習型的組織。

春山本人自從三十多年前參加我在台中教的第一班「溝通人際關係班」後，又陸續參加了經理人班、總經理班。春山也是一位熱愛學習的典範領導。謝謝他的分享。

我要感謝林楷頤這位小老弟，六年級的他是企業第二代。他坦誠的分享了企業傳承的關鍵：溝通與領導能力。怎麼樣與工廠裡的老師傅們溝通？怎麼樣跟黑手起家的老爸溝通？怎麼樣讓「我的家庭更可愛，冬天溫暖夏天涼」？原來都是要學習的。

林楷頤參加了卡內基溝通人際關係班，幾年前還遠從高雄來台北參加我的「總經理領導班」。那是他領導力的茁壯階段。他將一家螺絲工廠，營造成猶如五星級的工作環境。謝謝楷頤！相信很多年輕的領導人，特別是企業家第二代，將因他的見證而勇往直前。

最後，我一定不會忘記感謝其濬兄。他不厭其煩的找出我書中好多故事的名稱或是細節的錯誤；也不忘補充不少證據資料來充實某些論點。謝謝謝其濬先生（三個「謝」字）。

你可能現今已經是一位領導人了。你可能會從這本書中，發現你可以不用那麼操勞，而且能讓同事信任你，將他們的未來交到你的手中，覺得跟著你走就對了。

你可能還是一位工程師、業務員、祕書，這本書會告訴你，如何藉由溝通影響其他同事，甚至讓老闆都好喜歡聽你的意見。

老師呢？醫師呢？藝術家呢？天知道你會影響到多少人的一生。如果你會喚醒他的潛力，有魄力吸引他人、能感動他人的話。

最後，父母是最經典的領導人，用在公司中的每一種領導力，幾乎都可以用在家人身上。怪不得有些父母好有福氣，其實是因為他們用對了領導力，像溝通、激勵、尊重。小孩不但會成為「好」人，而且學業也更好，性格更開朗、快樂。想到這裡，我真的很興奮。

用感恩的心真誠分享

這十五年來，我大概去過五、六次梵蒂岡，曾有一次在聖伯多祿大教堂連續參加了兩台彌撒，那真是一個百看不厭的地方。

有一次，我又在《聖殤》（Pieta，又稱《聖母憐子》）前，看著聖母懷抱著被釘死的耶穌時平靜的表情，瞻仰米開朗基羅怎麼會雕出這麼美的一座大理石作品！我有一位學藝術的朋友告訴我，據說有一位日本雕刻家，看完了這座《聖殤》作品後，就放棄雕刻的工作了。因為這位雕刻家感嘆，米開朗基羅在二十四歲就能雕出一副這麼美、這麼有創意、這麼有內涵的作品，而自己呢？

米開朗基羅還留下了《大衛像》、《摩西》的作品，就像是莫札特、貝多芬也為世界留下了動人心弦的樂章。

最近，貝聿銘去世了。想到他，我們會聯想到羅浮宮前的玻璃金字塔，東海大學的教堂，甚至香港的中國銀行。余光中呢？他的詩歌與散文能雋永的洗滌人心。

我想，我們大多數人都不像這些人那麼才華滿溢，但如果你問我，我走了以後為這世界留下了什麼？我會默默的設想：

我為這世界留下了四個敬天愛人的子女，他們的十個子女又會直接影響好多人。

我和丁松筠神父，還有其他神長一起在光啟社製作的文教、社教、宗教節目，也一定會繼續啟迪人心。

最後，我一定要談一下我所創立的中文卡內基訓練：從一九八七年起，至今已經三十多年了。人數最多的時候，我們有近兩百位講師、一百多位同事。培訓地區除台灣之外，曾涵蓋山東、江蘇、上海、浙江、廣東。有幾年，我還負責香港、澳門的業務。

這三十多年來，這些講師、同事和我一起幫助了四十萬人更成功、更幸福。如果將我幫助過的馬來西亞、新加坡、港澳地區也加進來，那就更多了。

想想，這四十萬人由於更有自信與熱忱，更會溝通與關懷他人，而產生了連鎖效應，擴大影響了更多的人。我真的認為自己也為這世界留下了些什麼，雖然沒有像米開朗基羅留下的那麼壯觀，但我心裡還是有一種感覺：這一輩子沒有白活。

但要是我沒有這些機會，發揮領導人的影響力呢？可能我的一生就沒那麼精采了。怪不得我是帶著一種感恩的心與你分享，一個極為平凡的人，是怎樣幫助了他人成為不平凡的人，做了哪些不平凡的事。

我就要擱筆了，你卻要繼續把這本書看下去。看完了後，你要是覺得，連黑幼龍這樣的人都可以做到，我也一定能做一位快樂的領導人，我不但不會怪你，還想讓你知道，我又做了一件不平凡的事。

目錄

開場白——
當個快樂的領導人

一九九八年上映的《搶救雷恩大兵》，是美國影史上知名的戰爭電影。背景是二次世界大戰期間，雷恩家有四個兒子在前線參戰，其中三名陸續陣亡，僅存的小兒子詹姆斯，在參與諾曼第空降行動後，下落不明。出於人道考量，美國戰爭部長馬歇爾上將下令組成一支八人小隊，在槍林彈雨中找出生死未卜的二等兵雷恩，並將他安全送回後方。雖然雷恩順利被救回，但是前往搶救他的八人小組，全部陣亡。

電影尾聲，鏡頭切換到年邁七十的雷恩身上，他來到墓園憑弔當年捨命的軍官。此時妻子來到雷恩身邊，他向妻子問道：「我有好好過自己的一生嗎？」因為，當初帶領八人小組的米勒上尉，最後中彈時留給他的一句話，就是：「掙回來！」（Earn it!）

這一幕留給我很深的印象。我的人生或許沒有雷恩大兵那麼戲劇化，但是，我也經常問自己這個問題：「這一輩子，我有好好過自己的一生嗎？」要是真能回答「Yes!」我想一定是在領導力方面有所發揮，或我的這一生真的影響了很多人！

上班族最想追隨的領導人

記得三十多年前，卡內基訓練在台灣成立沒多久，就已經班班爆滿，學員絡繹不絕，團隊也是年年到紐約總部接受頒獎。曾有一位從總部前來支援的資深講師，看到這樣的盛況，就對我說：「John（我的英文名字），給我三個理由，解釋你為什麼可以做得這麼成功？」

為了回答這個問題，我經過一段時間的思索，想到三個理由：首先，我的同事們雖然未必都是最頂尖的人才，但是我促使他們在團隊中激發出最大的潛力；其次，每位同事都能夠樂在工作中；最後，就是我以激勵取代要求。

現在回想起來，我對於台灣卡內基訓練的成功，所找到的三個理由，其實都跟「領導力」有關。

多年後，「yes123」網站曾經舉辦一項調查，請二十歲到四十歲、共三八六七位的上班族，票選他們最想追隨的領導人，我是第三名，第一名則是經營之神王永慶，第二名是張忠謀。坦白說，我當時的感覺是，我怎麼能與他們比？

我的公司很小，我也沒有顯赫的家世、漂亮的學歷，既非達官顯貴，也不是什麼大企業家，但我的領導力卻能夠獲得這麼多人的肯定，從這個角度來看，我可以像雷恩大兵一樣，很自豪地說：「是的，我有好好的過了我的一生。」

回顧歷年的著作，我談過很多主題，不過，完全以領導力作為主題，這是第一本；加上坊間不少談領導力的書，多半是從學理的角度出發，我認為，自己在領導工作上，多年來累積的經驗和體會，應該可以幫助那些正在做領導工作，或是努力想培養自己成為領導人的讀者。這樣的起心動念，就成為撰寫這本書的初衷。

領導力關係員工幸福感

大概是民國九十年前後，有一本雜誌分析了台灣的經濟發展，每個時期都有不同的成功關鍵：六〇年代是靠機運，七〇年代是重品質，八〇年代須藉團隊，九〇年代則是領導力。

從那個時候開始，企業的領導人愈來愈受到矚目。談到台積電，就立即想到張忠謀；講到鴻海，就想到郭台銘；微軟一定是比爾．蓋茲；臉書一定會想到馬克．祖克柏……企業家的領導力，也成為企業的競爭優勢之一，像我有位親戚在投資股票時，考慮的就是這家公司的領導人。

這十年來，關於企業的競爭優勢，又有新的議題，就是「幸福感」。員工在企業中感受到「幸福感」，對公司才會有歸屬感、向心力，進而在工作中全力以赴，創造最大的企業效益。

美國蓋洛普公司曾經針對三十六家企業進行「員工滿意度」的調查，結果顯示，「員工滿意度」及「事業單位績效指標」呈現正相關；也就是說，員工整體滿意度愈高，也會帶動顧客滿意度或營收成長。

根據英格蘭華威大學的研究也指出，快樂可以讓人增加一二%的生產率，不開心的員工則會減少一〇%的生產率，工作快樂度對生產效率有更大及更正面的影響。

在這樣的潮流下，企業愈來愈重視員工福利，除了提高待遇，增加分紅，辦公室還附設咖啡廳、健身房、托嬰中心等各種措施，就是為了打造有幸福感的工作環境。

難道，領導力就不再重要了嗎？其實不然。

在心理學家亞伯拉罕．馬斯洛所提出的人類需求金字塔中，最底層是「生理需求」，順序往上則是「安全需求」、「歸屬感需求」、「重要感需求」、「自我實現需求」，其中歸屬感、重要感與自我實現需求，都跟幸福感息息相關。因此，領導人如果能夠滿足同仁的這三大需求，就能提升工作環境中的幸福感，進而打造永續經營的成功企業。

領導人的四大類型

我已經工作了六十年了，大小公司、中外企業我都工作過，面對過形形色色的領導人，大致上可以分成幾大類型：

第一種類型，是「舍監型領導人」。這一類的領導人非常重視細節管理，事情不論大小，都必須經過他的同意，只要有細節沒盯緊，就會認為自己沒有善盡職責。

舍監型領導人很辛苦，因為舍監要規定並且執行幾點鐘起床、上床、晚自習，吃飯快慢都要管，有時候晚上還要起來查房間。問題是，住宿者與舍監之間毫無歸屬感，反而覺得對方很煩。談到這裡，你可能已經想到某某主管就是這樣子，舍監型的父母可能更多（父母是典型的領導人）。

第二種類型，是「將軍型領導人」。這一類的領導人平時高高在上，現在也還有，尤其是在軍中。我父親就是一位威嚴的家長，可惜的是，我們幾個小孩不見得都很乖、守規矩。

這類型的領導人愛發號司令，對員工的要求也相當嚴苛。這種強調權威的領導人，過去相當普遍，但已經很難獲得年輕族群的認同。好比說，X、Y、Z世代，他們要有機會參與，有資格發言。雖然最後可能還是主管決定，但他們要在過程中有團隊的感覺。真不知道國防部在設計募兵制的時候，有沒有想到為現職的指揮官舉辦這樣尊重他人的培訓。只有這樣，年輕人才會更想當軍人。

第三種類型，是「導師型領導人」。這類領導人會以「說教」作為主要的領導手段，總是不厭其煩地講述大道理，但是不擅於傾聽和溝通。聽起來很熟悉嗎？多少老師、父母、長輩一天到晚都是在講道理、談是非，不幸的是，企業界中導師型的主管也不少。

這類領導人需要學的是，多問問題，鼓勵員工發言。其實，最重要的是，他們早晚會發現，

「說教」沒有用，別人早就知道道理了。

第四種類型，是「樂團指揮型領導人」，正如樂團指揮不需要精通每一種樂器，他的工作是帶領樂團成員合作無間，在舞台上完美演出。這類領導人的專業能力未必最強，但是能夠激發出每個人的潛力和熱忱，創造出企業成長的動力。

不論是大提琴、中提琴、小提琴、喇叭、巴松管、長笛，都各有其特色，包括鑼、鼓在內。樂團指揮要掌握全局，何時、何種樂器要加重分量，或以輕柔的音量演出，樂團中的每一位樂器手也都要能配合無間，甚至分秒不差。何時該慢，何處該快，都由指揮來掌握。

一家公司也一樣，每一種職掌、每一種工作項目都扮演著不可或缺的角色，這種重要感，就是領導人帶出來的氛圍。最後，企業的領導人也要像樂團指揮一樣，請所有團員起立，接受聽眾的掌聲，也就是榮耀共享（有些領導人是獨享成果）。

我想，我們很多人都曾接觸過這四種領導人，或是其中的兩、三種；也有些領導人自己曾親身經歷過其中的幾種類型，或同時是兩、三種領導類型的混合體。你一定同意，同事們都希望自己的領導人是一位樂團的指揮，而領導人邁向「樂團指揮型」的經驗，卻是一段相當費心，而且是一段可以由自己決定時間長短的旅程，有些人很快就做到了，有些人走得很慢或停滯不前，相當可惜。

在這四大類型的領導人中，我認為自己比較接近樂團指揮型領導人，不但我從事領導工作時，感到很快樂，同事們也能發揮所長，在工作中獲得更多幸福感。

接下來在這本書中，我將分享自己一路走來的領導經驗，並深入探討溝通、鼓勵、情緒管理、授權等各種關鍵能力，希望本書的讀者能因此精進領導力，進而成為一個快樂的領導人。

第一部

我的領導之路

領導人能將平凡的人，變成不平凡的人。

01——人生第一次當主管

我在前文提到，我不會在這本書中談大道理，但每想到領導人（Leader）這名詞，就會想到管理大師彼得．杜拉克所說的話。什麼是領導人？杜拉克的詮釋簡潔而有力：「領導者是擁有追隨者的人。」（Leaders have followers.）這句話真是語重心長，沒有追隨者的領導人的公司是什麼樣子的？怎麼樣大家才能吸引好多人追隨？

追隨者是什麼樣子的？每天準時上下班，月底等著領薪水的人，不算是追隨者。追隨者是那些全心投入，覺得自己在這家公司工作好有福氣的人。

英文中有一個字「charisma」，翻成中文是「領導魅力」。具備領導魅力的人，讓人想要追隨，願意把自己的未來交到他的手上，這就是領導人的魅力。

領導能力，是先天或後天養成？

有些人認為，領導魅力是與生俱來的特質，是學不來的本事，很難透過後天的訓練，培養出另一個邱吉爾（英國前首相）、金恩博士（美國黑人民權運動領袖）、歐普拉（美國知名脫口秀主持人），以及賈伯斯（蘋果創辦人之一）。

然而，也有人認為，領導力是一種技能，可以透過學習而熟練，進而內化成為自我的一部分，即使無法成為邱吉爾等級的領導人，絕對也可以大幅提升自己的領導魅力，像是股神華倫．巴菲特、美國汽車業傳奇人物艾科卡等就是。

這兩派主張各有擁護者，也都拿得出證據。不過，美國普林斯頓大學知名的生命倫理學教授彼得．辛格的看法是，一個人的領導力，不論是先天特質，或是後天學習，都會帶來影響，每一位領導者都是從學習的過程中，不斷激發出自己的領導潛能，才能發展出讓他人願意追隨的領導魅力。

那麼，那些領導的關鍵能力是天生的，或後天的呢？這又要回到一個很多心理學家或生物倫理學家爭論了多年，至今也沒有定案的老問題了。「Nature or Nurture?」（先天或後天？）我絕非這方面的專家，但從過去六十年的工作經驗中，我發現的確有些是後天培養出來的，雖然有些人天生具備某些吸引力。

至於哪些關鍵領導力多半是與生俱來的？像魅力、吸引力、個性（即內向或外向）、容貌等，先天占的成分比較重，像美國前總統約翰・甘迺迪、英國首相邱吉爾，或前總統馬英九那種吸引人的形象，或如台塑集團創辦人王永慶、台積電創辦人張忠謀那種難以學習到的權威感。有的人較適合做「將」，有的人較適合做「相」，不須刻意勉強。

然而，我認為大部分的關鍵領導力是後天的，是可以學習的。諸如：溝通能力、熱忱、自信等。巴菲特、艾科卡就是範例，他們都是藉著卡內基訓練的幫助，成為溝通高手。在本書中，分享了同樣經過學習的中鋼董事長翁朝棟、台積電歐亞業務資深副總何麗梅等，更以他們的心路歷程證明了，領導力是可以學習的。

至於我自己呢？從身邊的人給我的評價來看，我想我應該算是具有領導人的親和力。至於是與生俱來的，還是後天養成的，可能要從我的成長過程說起。

聯考失利，學好英文重獲自信

我來自一個軍人家庭，父親是一名軍官，曾經在空軍擔任通信電台台長，也算是個領導人，我在耳濡目染之下，加上小學時候功課就很好，對自己很有自信，因此小學時代，都會主動爭取當班長，爭取上台機會。現在回想起來，小時的我，應該就具備了一些領導者的特質。

小學畢業，我遇到了首屆的初中聯考，我把聯考想得太輕鬆，在考場上第一個交卷，還自覺很瀟灑，沒想到成績出來，結果卻是名落孫山。

後來我去考獨立招生的學校，還是落榜，只好去念農校。農校畢業後，不可能考取普通高中，就考進桃園農校的高中部繼續就讀。高二的時候，還因為數學不及格而留級，不得已再去念軍校。進入軍校後，我的成績依然吊車尾。

升學之路的挫折，嚴重打擊了我的自信心，在那段人生黯淡無光的時期，我不再有擔任班級幹部的念頭，因為在內心深處，我認為自己已經被摒棄了。

就讀空軍通信電子學校時，雖然有各種低潮，不過也有收穫，那就是我的英文突然開竅了，各項考試項目中，就是英文成績最好。後來我從軍校畢業，分發到桃園空軍基地，平時除了機器故障需要修理，並沒有太多的任務，因而有很多自由時間可以利用，我全用來加強自己的英文實力。

當時我除了利用回台北的時間上補習班，還聽趙麗蓮博士（編按：臺灣英語教育推手，被稱為「鵝媽媽」）的英文廣播教學，還翻譯國外雜誌上的文章投稿，賺了稿費，我就買西洋搖滾樂的黑膠唱片，閒暇時就看外國影片，從電影中認真學到不少英文。另外，我只要在路上看到老外，也會主動攀談，練習口語能力。

由於我在聽說讀寫上，都投入不少心思，英文實力自然突飛猛晉。後來，當空軍舉辦留美考試，我的專業學科雖然不是很出色，但是憑著我對英文的興趣和自信，還是報名應考，結果以第一名錄取，獲得機會到美國密西西比州的基斯勒空軍基地（Keesler Air Force Base），進行為期一年的電子通訊相關訓練。

在美國，我所受訓的基地附近幾個大城市，都有扶輪社、獅子會這樣的社團組織，並且定期規劃各類活動，包括邀請在基地受訓的外國軍官前往演講，即使是一般的當地民眾，也會邀請你去他家吃晚餐。當時要參加這類活動，不但英文要好，還要能在眾人面前侃侃而談，因而大部分的留學軍官都會打退堂鼓，而我一向喜歡跟人接觸，因此都會熱心參加。

回想在美國受訓的那一年，我最大的收穫不是專業課程，而是參加那些演講、交流

八十年前的一個「龍」年，有一個名字帶龍的人，在桂林出生了，他做了些什麼來回饋這寶貴的一生？
我的八十歲生日，就是由華文卡內基的同事們在桂林為我慶生。

活動時，所獲得的掌聲、讚美與鼓勵。那段期間，我對自己愈來愈有信心，聯考失利的陰影早已一掃而空。

新手主管遇上新兵、老士官

回到台灣後，我被調到屏東機場的供應區部。由於該地沒有我所學的太康導航台（TACtical Air Navigation，簡稱 TACAN），大約一年後，我又被調到嘉義基地擔任航管電子官，主管太康台。

我任職的單位，共有五位士官、兩位預備軍官，而我就是這七個人的主管。這是我人生第一次當主管，那年我二十五歲。

根據我的觀察，義務役的預備軍官通常只想著趕緊服完一年役期，對於部隊的事情就抱著得過且過的心態。很幸運的是，我所帶領的兩位預備軍官，是工專電子科系畢業，都很認真的學習，我除了帶著他們維修機器，也協助他們看懂各種英文的技術文件，提升專業知識。這兩位預備軍官也真的發揮了實作的功能，而不是混日子。因此退伍之後，其中一位考進台電，還曾經來聽我的演講。

至於單位中那些老士官們，我則完全不擺主管的架子，以關心取代威權管理。記得當時有些士官在外頭有私務，會私下付錢找另一位老士官幫忙值班。其實這種做法並不符規定，因此，我初上任時，他們都擔心我會有所行動。然而，我知道有些老士官的經濟狀況都不是太好，這些額外收入不無小補，只要沒有發生重大違紀，我就睜一隻眼閉一隻眼，包容下來。

為什麼我第一次從事領導的工作，就會採取這種以鼓勵、關心為主的人性化風格？我猜，或許跟我曾經歷的領導人有關。

我父親就是典型的威權管理，罵起人來，兇得不得了。我後來在屏東機場任職時，也曾遇到壞脾氣的主管，動不動就罵人，在那樣的環境下，我過得很不快樂，也很不喜歡自己的工作，能混就混。因為有這些負面教材，當我自己成為主管時，就會提醒自己不要走相同的路線。

結果，不論是機器維修、導航管理、操作訓練等各項評比，我帶領的嘉義太康台，都拿到全軍第一名。從「結果論」來看，我應該算是合格的領導人，而且在嘉義基地擔任主管這段時期，我過得非常快樂，代表我還滿享受當個領導人。

對於領導工作，我愈來愈得心應手，這跟我重拾自信心也很有關係。

肯定，讓我相信自己有潛力

之前我在升學之路上頻頻受挫，沒什麼人肯定我，我也覺得自己一無是處。然而，經歷過赴美那一年的洗禮，我的自信心已經大幅提升。到了嘉義基地後，我又遇到了一位貴人，就是負責這個基地航管分隊的分隊長楊世績少校。

我之前在美國時，曾受邀到扶輪社演講，之後扶輪社寄了一封短函給空軍總部，對於我的演講大加稱讚，後來《中央日報》又刊載了這封信，當時的楊世績隊長剛好在報上看到，對我留下不錯的印象，等我被調派到嘉義基地後，他對於還只是個中尉的我，可說是相當禮遇。

記得那時候，我每個月休假回台北時，楊隊長經常安排吉普車駕駛兵開車送我到車站；我幫單位中的同仁申請加班費，簽呈送上去是七十元，批下來是一百四十元，另外七十元就撥給我，作為獎勵。不過，最讓我感動的是，楊隊長平時不但經常來我任職的單位，找我聊幾句話，每當有總部長官來巡視嘉義基地，他一定會在長官面前，對我百般誇獎，真讓我覺得心花怒放。

心理學上有個「比馬龍效應」（Pygmalion Effect，詳見第一一八頁），簡單說，就是當你受到正向的刺激，對自己有了信心，事情就會愈做愈好。這位楊隊長對我的尊重和讚賞，特別是對我在領導方面的肯定，就對我帶來了正向的影響，讓我也相信自己頗有領導的潛力。如今，我已經五十多年沒與楊隊長見過面了，真想知道他的近況如何。

領導魅力究竟是與生俱來？還是後天養成？就我的親身經驗來說，比較接近普林斯頓大學辛格教授的看法，先天的條件和後天的歷練，都會帶來影響。

如果我是個內向、不愛跟他人接觸的人，上小學時大概就不會去當班級幹部，學英

無論你身在何處，無論你正處在人生中的哪一個階段，都要盡己所能、要傾己之力，貢獻你的時間、才華和金錢。

——美國知名脫口秀主持人 歐普拉（Oprah Gail Winfrey）

文時也不敢跟外國人主動攀談，即使到了美國後，應該也不會積極參加演講活動，後來到嘉義基地，第一次在職場上擔任主管，應該就不會那麼成功。

可見得，一個人若是天生具備領導人的某些特質，就會比其他人更有機會，可以扮演好領導者的角色。

另一方面，我在美國演講時，聽眾給我很多掌聲，會後還有很多人來遞名片，邀請我日後找機會一起用餐分享，這些對於當時還未滿二十四歲的我，真是很大的肯定。再加上後來在嘉義基地時，遇到這位極度信任我的楊世績隊長，因為他相信我的領導力很強，我對自己也有了信心，因此領導工作愈做愈好。

當時我領導的只是七個人的單位，人數不多，成員卻有兩種類型，因此我也有不同的相處方式：對於預備軍官，我就幫助他們成長；對於老士官，我則是以尊重、關心的方式，打成一片。

日後，我陸陸續續又帶領了不同團隊，不管人數多少，我始終是以這兩大原則作為基礎，漸漸地累積出我的領導能力。

另外，想想也真是造化弄人，如果我中學、大學成績都很好，後來也順利出國留學了，但二十三、四歲時，能有機會在大場合中用英文演講？二十五歲就當上了領導人？現在你可能比較了解我所說的，用感恩的心與你分享我的領導之旅了吧！

02——轉換跑道再試領導力

幾年前，在我的新書發表會上，前新聞主播沈春華出席獻花，後來她還在臉書貼出一張珍貴的照片，那是我跟她主持《新武器大觀》時，錄製節目的現場留影。照片中的我才四十出頭，沈春華還是個年輕小女生，不知不覺間，近四十年的歲月就過去了。

年輕一代可能不知道這個節目，但是在那個老三台的年代，《新武器大觀》以深入淺出的方式，介紹尖端武器科技的發展，一播出就造成轟動，很多人會認識我，也是從這個節目開始。

退伍後，轉進美國休斯公司

我為何會執起主持棒，出現在電視螢光幕呢？這要從已故的丁松筠神父說起。

我是天主教徒，因為信仰的關係，在丁神父仍是位修士時，我就認識他了，也一起在輔仁大學辦過多次演講活動，他曾經寫下一本英文版《群體動力學》的書，還找我翻譯成中文。多年來，我們是無話不談的摯交。

一九八〇年，丁神父接任光啟社社長，他自認不擅於管理，需要一位有管理經驗的人來擔任副社長，就邀請我加入光啟社。

當時的我，也來到了職涯的十字路口。

我在軍中服務十三年，大概最後三年時間，我在空軍總部擔任聯絡官，工作的對象，除了外國將領，還有跟軍方合作的廠商，而美商休斯飛機公司就是其中之一。由於我幫忙做翻譯、簡報，頗受對方賞識，退伍後，就受邀加入休斯公司，擔任台北分公司總經理。

雖然掛名總經理，其實就只有我一個人，帶著一名祕書，負責台灣的相關業務。大概三、四年後，公司和軍方合作的系統順利完成，我算是立了汗馬功勞，於是公司把我調回美國，也允許我帶著家人同行。

我喜歡跟人溝通，彼此碰觸出火花，發想新的點子。之前在台北上班時，主要的工作就是居中聯繫、督促進度，都不是我喜歡做的事，也沒有什麼發揮的空間。

到了美國後，我則是為那些到美國駐廠受訓的台灣軍官負責聯絡、翻譯等事宜，仍然不是我感興趣的工作，而且我在公司定位不明確，很多會議都將我排除在外，工作起來更加索然無味，只因為薪水很好，即使我算是外國人，但待遇等同於美國同事，為了生計，不得不繼續做下去。

因為工作不快樂，我難免向幾個好朋友傾訴心情，丁神父就是其中之一。我還在空軍服務時，他就曾經找我加入光啟社，只是我後來選擇了休斯公司。當丁神父得知我工作的狀況，加上他也需要有人協助管理光啟社，就再次提出工作的邀請。

我沒有影視產業的相關經驗，而且除了在軍中當過小主管，就是剛進休斯公司那幾年，在台北帶了位祕書，正式的管理經驗其實不多，丁神父找我接副社長，可以說是相當大膽。

另一方面，那時候的我已經四十歲了，家中有四個小孩，考慮到中年轉換跑道的風險，而且薪水是原工作的三分之一，丁神父提出的邀請，讓我陷入天人交戰。

最後促成我做出決定的關鍵，在於我對工作的信念：一個人應該要做他喜歡的，最擅長的，而且也是最有使命感的事。我相信以丁神父對我的了解，會找我做的工作，應該會是我喜歡又擅長的工作。

帶人帶心，也能外行領導內行

成立於一九五八年的光啟社，比無線三台中最早成立（一九六二年）的台視，歷史更加久遠，設有工程部、製作部、企劃部、業務部等部門，可以製作各種類型的電視節目，除了沒有發送無線電波，幾乎跟一家電視台無異。

對於找個沒有影視工作經驗的人來當副社長，光啟社內部也有人提出質疑，擔心我是「外行領導內行」，但是丁神父認為我很會帶人，還是對我信心滿滿。

有句話叫做：「新官上任三把火。」就是形容有些新任的主管，為了力求表現，建立威嚴，會大動作推行新的做法。這麼做，雖然可以帶來革新的氣象，卻也很容易跟原來的團隊引發衝突。

我知道自己是影視產業的新手，也很坦然面對這個事實，因此接下新工作的前半年，我刻意不做任何決定，就是聆聽、觀察，有不懂的地方，就虛心求教。有些人原本等著看好戲，結果發現我不但適應良好，還跟各部門的同仁都建立了良好關係，甚至連搭景班的老師傅，都跟我很「麻吉」。

我一向相信，「帶人要帶心」，要「帶心」，首先就是要有同理心。舉例來說，面對失敗，員工的心情一定很沮喪，此時主管再臭罵他一頓，只是更打擊對方的信心，不會帶來任何正面的效益。

記得有一次，團隊去爭取一個案子，事先大家投入很多心血，最後卻沒有成功，眾人的失望可想而知，每個人都是垂頭喪氣，無精打采。

此時，我站起來鼓勵團隊，要大家想想，從這次提案經驗中得到什麼收穫？又有哪些教訓？當時我要求每個人都要發言，然後整理出來。透過這樣的方式，團隊在面對失敗時，就不會只是滿滿的負面情緒，而是從中找到可學習改進之處，這對於團隊的成長，幫助很大。多年後，丁神父與我餐敘時，還常提到此事。

過年時，我會寫信給所有的同仁。當年光啟社有一百多人。我不是寫一個制式的版本，就寄給大家，而是根據我對每一個人的了解，一封封寫，所以每一封信都是獨一無二的。用這樣的方式寫信，當然會花掉不少時間，但是我希望每位團隊成員都能感受到，我是發自內心的關心他們。

那時候，我雖沒有受過卡內基訓練，但我在光啟社所採取的領導風格，某種程度上已經相當符合卡內基訓練的精神了。

握主持棒，開啟另一段人生

領導人的領導風格，會影響團隊的士氣和工作態度。我會讚美同仁，當同仁犯錯，我也會以支持代替責罵，引導他從錯誤中學習，無形之中，大家對於工作愈來愈積極，也更勇於提出新的想法。

於是，在團隊的同心協力下，我們製作出很多不同類型的節目，像是社教類的《天天都是讀書天》、軍事科技類的《尖端》和《新武器大觀》、科普類的《柯先生與紀小姐》，還有兒童節目《妙博士》、《爆米花》等，都是叫好又叫座，拿到了好幾座金鐘獎。

眾多節目中，《新武器大觀》跟我淵源最深。當時我和丁神父去拜訪台視節目部經理李聖文，他提到自己參觀空軍基地時，看到介紹軍事科技的影片，覺得很精采，心想如果有個節目可以播放這類影片就好了。我一聽，立刻想到我手邊有很多武器相關的影片，要製作成節目，絕對沒有問題，因此催生出《新武器大觀》。

由於光啟社沒有人懂武器，找不到主持人，空軍出身的我，就硬著頭皮上陣。我因為沒有主持節目的經驗，就找了沈春華跟我搭檔主持，她那時才剛出校門沒多久，雖然也是新手，但是天性聰慧，很快就掌握訣竅，節目中很多段內容就交給她來講述。

我除了是光啟社副社長，還身兼《新武器大觀》的編劇與主持人，有時候忙不過來，沒時間寫腳本，只能靠一些簡單的大綱，因而後來就變成一個人主持，對著鏡頭臨場發揮。剛開始當然會緊張，隨著經驗的累積，NG的次數愈來愈少。

《新武器大觀》是以軍事科技作為主軸，但是我也會加入一些人文觀點。記得有一集介紹機關槍，我就提到機關槍發明人的原始初衷，是希望透過快速的火力輸出，快速結束戰爭，他認為在機關槍的威力下，沒有一個國家的領導會讓那麼多人上戰場送死。沒想到，機關槍正式用於戰爭之中後，反而讓傷亡人數大增，戰爭更多、更劇烈。觀眾收看這個節目，除了獲得新知，對於人類該如何使用武器，也能夠有所省思。

那幾年，光啟社非常風光，很多人說那是光啟社最輝煌的時期，對於非影劇專業出身的我，真的是一大鼓勵。

從某個角度來說，我的確是「外行領導內行」。談編劇，我一定沒有專業的編劇老

丁松筠神父（左）是我的貴人，沒有他，我就沒有這些發揮領導力的機會了。
我們也要想辦法成為他人的貴人。

師厲害；談節目企劃，我比不過那些資深的企劃人員；談搭景，我絕對不可能比老師傅懂得更多。然而，我的職責是把大家組成團隊，以製作出好節目為目標，每個人都能在自己的崗位上發揮所長，我相信，這更是領導者必須具備的專業能力。

還記得「樂團指揮型」的領導特質嗎？

我的個性樂在溝通，喜歡交朋友，光啟社給了我一個很好的舞台，雖然經常要加班，但每天做的是自己喜歡又擅長的事，我一點也不覺得辛苦。

在光啟社工作，還為我帶來了一項加分，就是變成社會知名人士，很多大學與社團邀請我去演講，《時報周刊》也找我寫專欄，坐計程車時，很多司機認得我。擁有社會知名度，也成為我後來在發展卡內基訓練的一大優勢。

從光啟社到宏碁，面臨工作低潮

進入光啟社兩年後，在丁神父的引介下，我獲得一個獎學金的機會，到洛杉磯的羅耀拉大學攻讀傳播教育碩士。我年少時學業成績不佳，沒機會進入大學，沒想到中年之後，還能重返校園，真是上天給我的意外禮物。

赴美一年多，我拿到了學位，便回到光啟社。然而，內部人事已有了重大變化，丁神父退居二線，由另一位外籍神父掌理社務。

這位神父也是掛名副社長，但是他大權在握，大小事都要管，連影印機的影印張數都要嚴密監控，有點像是舍監型與將軍型合體的領導。我們的理念差距太大，實在很難共事，因此我只工作了一年多，就選擇離開這一個令我難忘，讓我初試領導力的地方。

離開光啟社後，我來到宏碁電腦擔任副總經理，主管國際業務與行銷。

當時是一九八〇年代，台灣科技業正蓬勃發展，由施振榮先生帶領的宏碁電腦，也是備受矚目的企業。然而，我只待了大概一年的時間，就跟公司申請了留職停薪。

我在宏碁遭遇到的低潮，跟之前在休斯公司的狀況很類似，就是工作性質並非自己興趣，我覺得很難有所發揮，也看不太到自己的價值，因此過得很不快樂。

成就偉大事業的唯一方法，就是熱愛你正在做的事情。如果你還沒有找到，就要持續尋找，不要停止屈就。

——蘋果公司聯合創始人 史蒂夫・賈伯斯（Steve Jobs）

而且，我對於宏碁的企業文化，也有點水土不服。宏碁人很拚，對工作全力以赴，開起會來也是針鋒相對，相互批判，毫不留情面，這或許是激發創意的一種方式。然而我一向重視人際關係的和諧，在這種高壓的工作環境下，我愈待愈不開心，想離開的念頭一天比一天強烈。

幸運的是，我很快找到了自己真正想做的事情，就是從事卡內基訓練，人生從此打開了另一扇窗，變得豁然開朗。

現在回想起來，我想跟年輕朋友分享的是，在職場上不能太計較，有時候多做一些分外的工作，常常會獲得主管的注意、肯定，主管的讚美與肯定，讓我真的相信自己有潛力。就職涯規劃而言，他們就是我的貴人。

我已經工作了六十多年了。最快樂、最有成就感的期間，常常是我全心、全意、全力投入工作的時光。而這一切的推動力就是領導人對我的賞識，丁松筠神父就是其中重要的一位。他改變了我的一生。

要是所有階層的領導人，包括父母，都能常常讓同事們有這種「重要感」，那該多好。

03 帶領團隊成為全球第一

二〇一九年十月底，我回到出生地廣西桂林。

卡內基訓練華人地區的朋友為我舉辦一場盛大的八十歲慶生晚會，安排了不少別出心裁的節目，像是把我們家全家福照片用沙畫的方式呈現。來自台灣、北京、天津、上海、江蘇等地，還有馬來西亞、香港的團隊，紛紛上台表達他們的心聲，各種溢美之詞不斷。其中有人說：「黑老師，我希望您能活到一百五十歲，可以繼續為我們帶來更多正面的影響。」

我站在台上，覺得非常感動，同時又有種不太真實的感覺。

坦白說，像我這樣一個平凡的軍人子弟，初中聯考落榜，高中還留級，不得不去念軍校，日後竟成為眾人口中的「華文卡內基訓練之父」，想想還真是有點不可思議。

根據經濟部的統計，台灣中小企業的平均壽命是十三年。台灣卡內基訓練在一九八七年成立，至今已經三十幾年，早已遠遠超出中小企業的平均壽命，我們不但存活下來，而且從第五年開始，台灣卡內基的業績就站上了全球第一名。

身為台灣卡內基的創辦人，我不好意思老王賣瓜，說自己是個多棒的領導人。但是，我相信自己在領導這件事上，一定有可取之處，我們的團隊才能交出這麼亮眼的成績單。

一篇報導，與卡內基結緣

記得是一九八五年的冬天，我們全家到美國洛杉磯過聖誕節。我在開車時，太太就在一旁看《世界日報》，翻到夾頁雜誌時，她讀到了卡內基的相關報導，立刻興奮地對我說：「你看，這不是你一直最感興趣、最想做的工作嗎？」

當年還沒有電腦可用，我們就翻出電話本，查出卡內基在洛杉磯的加盟機構，約了時間見面。對方以為我來報名課程，對我非常客氣，直到他弄清楚我的用意，態度不變，只給了我一個名字和電話號碼，叫我自己去聯絡。

我打電話過去後，才發現那一頭竟是卡內基國際機構總裁柯朗（Oliver Crom），他的另一個身分，就是創辦人卡內基的女婿。

坦白說，如果接電話的是總裁祕書，可能就公事公辦，要我按規定提出申請信件，轉交到業務或人事部門，然後靜待通知，結果大概就完全不同了。柯朗先生親自接聽我的電話，我一直以為是自己運氣好，多年後，他才告訴我，他一向都是自己接電話（這也是一種領導風格）。

從柯朗先生身上，我看到了領導人的風範。他貴為一個全球機構的總裁，卻不會高高在上，還是堅持自己接電話，代表他一定喜歡跟人接觸，對於人際溝通擁有強烈的熱情和興趣。

當初要將卡內基引進台灣，其實遭遇了不少困難。由於之前台灣的著作權觀念淡薄，盜版橫行，在國際間可以說是惡名昭彰，因此柯朗先生對於我的毛遂自薦，其實抱著保留的態度。

另一個問題則是「結匯」。引進卡內基，每年我們必須付金額不少的權利金給美國，但是當時台灣實施嚴格的外匯管制，由政府各單位和銀行代表所組成的「投資審議委員會」，負責監管各種結匯申請，以當時的情況看來，我們的申請不可能被批准，於是我就主動拜會投審會的每一位委員，包括經建會、經濟部、中央銀行、外交部等，爭取支持。回想起來，人真的是做最想做的事時最有熱忱。

慶幸的是，由於來自美方「開放外匯管制」的壓力愈來愈大，投審會最後通過了我們的申請，加上台灣通過了《著作權法》，代表卡內基的智慧財產在台灣有了法律保障，因此卡內基總部同意授權給我。

由於我之前主持過《新武器大觀》，在台灣社會已小有知名度，加上廣播界的朋友幫忙，在「全國聯播」的節目中，報導卡內基訓練來台的新聞，因此，第一次在耕莘文教院辦說明會，現場就來了滿滿的人，正式開班後，也立刻就滿班。

好態度，讓我化危機為轉機

三十多年前，本土企業送員工受訓的風氣還不興盛，所以創業之初，我原本鎖定外商企業的員工，用美國總部提供的教材，以英文授課。

沒想到，開課前夕，琳恩颱風來襲，美國海運寄來，暫存在報關行的教材全部因淹水泡湯。事後我去找報關行的經理討論後續事宜，他大概以為我會索取高額的賠償，因此態度有點防衛，開門見山就告訴我，這批教材只是寄放，他們不負保管責任。

結果我沒有跟他爭論，反而用體諒的態度對他說：「颱風一定帶給你們好多損失，你現在一定也不好過。」聽了我的話，他不但撤下了心防，還主動賠了我一萬多元。

發生這個危機後，我不得不改變策略，自己將教材翻譯成中文，改為中文授課。沒想到，因為學員可以直接用中文分享，更能夠侃侃而談，分享他的人生故事，以及實際應用卡內基原則的心得，不但效果更好，反應更熱烈，教學的對象也能擴大到一般的社會大眾，可以說是因禍得福。

順便一提，早在台灣之前，香港就已引進卡內基訓練，但早期就是以英文授課為主，輔以部分粵語。而我因為英文教材泡水，反而讓我首開中文授課的先例。

二十多年後，有一次我去實踐大學向一群EMBA校友聯合會演講，之後開放聽眾提問。有一個人舉手，居然就是當年的那位報關行經理，他不但說出這段往事，還跟在場其他人說：「其實黑老師都不知道，我一直在看他的書，而且還派人到卡內基上課。」後來我走下台，跟他深深擁抱。他現在已經是一家大報關行的董事長了。

發生問題或危機時，我的第一反應不是指責、罵人，而是先諒解對方，再來想解決的方式。這樣的作風，持續至今，我對自己的同事也是如此。有位資深講師跟我說過：「黑老師，我在好幾家公司工作過，我沒有見過像你這樣不罵人的老闆。」我們有不少同事都是做滿二十五年才退休，他們願意一直追隨我，我相信應該跟我不罵人的作風有關。也可以說明，今天在工商業中，將軍型的領導人還是占多數。

這已經是三十多年前的事了。人的一生常會遇到這種巧合或小事，但後來卻影響深遠：我不敢想像，如果當年用英文開始教學，後來會如何？

一個轉念，卻成就更大

有些地區很早就有人引進卡內基訓練，因為代理權轉移，後進者可以承接前人留下的資源。像畢業學員，或辦過企業內訓的公司等。我們是台灣第一個卡內基加盟機構，一切都是從零開始。最初我們沒有聘請員工，整個公司只有我和太太兩個人，我當講師，她當助教，從上課到接電話，大小事務都得自己來，典型的「校長兼撞鐘」。

因為人手有限，即使一開班就爆滿，我也不敢拚命開班，就維持一個月增開一班的節奏。經過了一、兩年，我手上已經有了十三、十四個班，因為學員人數一直成長，從接受報名到製作畢業證書（當年還沒有電腦列印，必須用打字機一張張打字），要處理的事務也愈來愈多，因此，陸陸續續有行政人員加入。不過，講師還是只有我一個人。

在教育訓練界，一人獨挑大樑，擔任大師級講師多年的情況並不罕見，包括卡內基先生，也是一個人教了二十幾年，後來出版《溝通與人際關係》這本書，聲名大噪，外務變多了，實在是無暇親自教課，才開始培育其他講師。

台灣卡內基訓練才成立兩年，我就面臨了是否要培訓講師的抉擇。如果還是只有我一位講師，即使每個晚上都開課，能夠收的學生數目到底有限，公司的發展也很難有所突破。另一方面，有人提醒我，很多人是慕我名而來上課，如果不是我親自授課，可能會影響他們的報名意願。

但我還是決定培植講師，不要一人挑大樑，不過還是有人建議，至少每一班的開學、結業式，我都該參加。最後，我連這一項任務也無法做到，可見領導人有時必須授權，但相當艱難。

要成為卡內基講師，有一套完整的培訓制度。你必須先成為學員，結訓後至少要擔任兩次以上的助教，再參加八天的講師訓練，最後還要試教，每一關都通過後，才能正式成為講師。

我太太本來就是助教，後來她接受講師訓練，成為我旗下的第一位講師。然後，我又從班上找了大約十位學員，也是從助教當起，慢慢栽培成講師。像我們有一位資深的講師林玉鴻，她就是第一班的學員，一直到現在還繼續教課。

還有人已經當過講師，因為要照顧小孩，不得不放棄，等到小孩長大了，她又回來從學員、助教當起，重新成為講師。對於卡內基的向心力，讓我十分感動。

領導人就像園丁，栽培同仁

我們所有的講師都來自學員，另外，也會栽培內部行政人員成為講師，像是曾經當到副總經理，目前已經退休的黃德芳就是很好的例子。

我將卡內基訓練引進台灣一、兩年後，開始出現有外縣市的學員，當時還沒有高鐵，我們又是晚上上課，這些外縣市學員下課後，通常只能搭夜班客運，回到家已經一、兩點了。於是我就想到在外縣市設駐點，我搭飛機南下去講課，南部學員就不必跑到台北來上課。

黃德芳原本是高雄一家報社的記者，當初她為了採訪來找我，正好我也打算到高雄成立辦公室，就找她擔任當地的行政人員，負責報名、收學費、場地租借等工作。後來我成立台中辦公室，也是找台北的行政人員下去支援。

因為我光是到各地講課，就已經忙得不可開交，對各地辦公室都是採取信任、授權的態度，而這些駐點人員也非常賣力招募學員，像黃德芳就是箇中好手，聽說她去洗個頭髮，都有辦法說服美容院的師傅來參加卡內基上課。

黃德芳也是當過學員、助教後，毛遂自薦想當講師。那時候她才二十多歲，很年輕，其實我有點不太放心，不過還是同意她去參加講師受訓，而她也順利通過考核，之後不但成為一名出色的講師，還晉升為高雄地區的總經理。

類似的例子不少，像早期派去支援台中辦公室的丁姓行政人員，後來也成為講師與台中總經理，一直教到退休。坦白說，當初我聘請這些行政人員，並沒有預見他們日後的發展，可見得每個人都有潛力，領導人的職責就是去激發同仁的潛力，幫助他們成長，讓他們可以更上一層樓。

我說了這麼多，真的只有一個目的，那就是想要當一個「好」領導人，全心培植人才，幫助他們發揮潛力，有成就感，真的是不可或缺的。這不就是幫助平凡人，做出不平凡的事嗎？

所以我們送了好幾位同仁帶薪出國進修，像黃德芳除了赴美受訓六個月，還到英國念了一個碩士學位；另外也補助一些同事去念ＭＢＡ、ＥＭＢＡ。領導人就像是園丁，想要讓花開得好，就得澆水、施肥。我栽培同仁，不只是提升他們的專業能力，更期待他們也能成為獨當一面的領導人。當初一個中小企業能做到這點，相當不容易。

連續二十七年，業績蟬聯全球第一

二〇一九年的年底，又傳來好消息，我們的業績再度拿下全球第一名。

台灣市場很小，不論是地域面積、人口數量、經濟實力，都比不上更早加盟的法國、德國、日本、英國等國家的卡內基訓練，我們能超越他們，真的是難能可貴。

不可否認，當年卡內基訓練能在台灣一炮而紅，有一些天時地利的條件配合，像是我之前主持電視節目，又在報章雜誌寫專欄，在行銷上比較占優勢；我們最早的辦公室設在耕莘文教院，位處交通匯集之處，招牌一掛出去，特別醒目，也容易吸引人氣；另外，我們成立的那一年，正逢台灣解嚴，整個社會走向開放，大環境上也有利於我們的推廣。

之後，我們一直蟬聯了二十七年冠軍，證明我們的表現，絕非只是憑藉運氣。歸納起來，我們的成功當然有很多原因，如果從領導的角度來看，很重要的一點就是，我沒有「非我不可」的心態，充分信任、授權，激發同仁的潛力，培育出很多位領導人，為卡內基的成長、茁壯，帶來源源不絕的能量。

在卡內基訓練慶祝一百週年的大會上，我們的總裁在演講中談到，卡內基先生當年一個人，在一個城市開始了第一班課程。他可能從未想過，他所創辦的訓練會發展到一百多個國家，用三十種語言在教學，人數超過了九百萬人。

好的領導，第一，要明確知道方向；第二，是要有跟隨者。沒有人跟隨就不是一個領導。動員公司員工，迎接經營者帶進來的挑戰，這是經營者最大的責任。有些領導者自以為自己是領導者，但沒有人跟，那就不是領導者。

——台積電創辦人　張忠謀

同理，我在一九八七年創辦中文卡內基訓練時，絲毫無法想像它今天的樣子。不但在台灣各地都有，而且畢業人數已超過四十萬人。一度我還是大陸沿海地區的負責人，包括香港，甚至馬來西亞、新加坡的華文卡內基訓練，也是我們輔導出來的。

我除了心懷感恩之心外，心中較實在的聯想是，領導人的風格與途徑，會直接影響到他的事業格局與發展，因而我想好好跟你談談，我在領導方面的心路歷程。

要是你問我：你給這個世界留下了什麼？我很想用這張照片來回答。我們周圍的來賓有台灣、大陸、馬來西亞、香港的華文卡內基訓練的主持人。
我開了個頭，他們發揚光大，而且會長遠繼續下去。

第二部 領導力的六大支柱

領導者常常不一定是團隊中最聰明的人。但領導者常能創造出一種不尋常的品味，讓團隊的氣氛很濃郁。

支柱1——信任感來自態度與自信

很多行業都有專屬的「Dress Code」（著裝守則），醫師有白袍，法官有黑袍，廚師有廚師服，警察有警察制服……這些服裝有意帶給人一種印象，有時是權威感，有時是信任感，也可能是親近感。如果你去醫院看病，醫師穿的是夏威夷衫；或是搭飛機時，機長穿著輕便的T恤……對於他們是否夠專業，你心裡可能會出現很多問號，至少覺得有點毛毛的。

那麼，領導人有著裝守則嗎？

有些領導人出席公開場合，必然是西裝筆挺，像政府官員、企業家等。不過，我們也看到，很多科技公司、新創公司的負責人現身時，經常就是T恤搭配牛仔褲；還有些熱帶國家的官員，也穿得比較輕便。可見得領導人的著裝守則並沒有統一的標準。

但是，外表的確是形象的一部分，領導人要是想留下值得信任的印象，真的要隨時注意適當的衣著。然而，比衣著更深一層的印象是什麼呢？

當個臉上寫著「Yes」的人

什麼樣的領導人形象才會吸引他人追隨呢？我想起美國第三任總統傑佛遜的一個小故事。大家要想像一下，那是兩百多年前，沒有照相機、電視機的時代。

有一次，傑佛遜與內閣閣員一同騎馬出遊，走著走著，遇上一條大河，雖然有座橋，卻已經斷了，有人建議就回頭吧！但是，其中一名部長卻說：「既然都已經走到這裡了，就涉水過河吧！」他們討論後決定，會游泳的人就游過去，不會游泳的人，就抱著馬渡河。因為馬會游泳。

這時候，走來了一名農夫，他直接到傑佛遜面前說：「我也想要過河，可是我不會游泳，可以抱著你的馬一起渡河嗎？」傑佛遜就一口答應了。

一群人都安全過河後，正忙著把衣服擰乾，那位部長突然發現了什麼似的，就過去對那位農夫說：「你怎麼知道他是我們的傑佛遜總統呢？」

「我不知道啊！」農夫很驚訝地說。

「那你怎麼會在那麼多人中，第一個就找他幫忙？」

農夫看著眾人的臉，很理所當然地說：「因為我只有在他臉上看到Yes，在你們臉上看到的都是No。」

這位農夫在完全不知道傑佛遜身分的情形下，第一個就選擇對傑佛遜開口，這一定與傑佛遜總統所展現出的形象有關。領導人常展現這樣的形象有多好，因為會吸引別人想接近你。

在卡內基的課堂上，我經常跟學員進行一項活動，就是列出四種領導人的形象：令人欽佩、令人恐懼、令人信任、令人喜愛，然後請大家票選。這麼多年來，最多人票選的項目，一定是「令人信任」，而最後一名就是「令人恐懼」。

如果用傑佛遜的故事來呼應，令人信任的領導人形象就是臉上寫著Yes，令人恐懼的領導人形象，則是臉上寫著No。

每次公布票選結果後，我總是會提醒大家，雖然「令人恐懼」最不受歡迎，這類型的領導人今日仍然很多，有時候甚至連他們都不自知，自己展現出來的是這樣的形象。

一個領導人臉上如果經常掛著No，即使在管理上出了問題，同事也不敢說真話，直到狀況惡化到難以收拾。

展現「微笑」的力量

在二次世界大戰中，軍功顯赫的巴頓將軍，曾經建立美軍的第一支裝甲部隊，被視為天才軍事家，另一方面，他又以蠻橫無理的火爆脾氣而聞名。

當時的巴頓，原本前途不可限量。然而，有一次他去醫護站視察，看到有一名因為神經衰弱而住院的二等兵，身上沒有什麼外傷。巴頓認為，對方只是懦弱避戰，一時情緒激動，便把士兵抓起來，踢出軍營的帳篷。沒想到，過了幾天，巴頓又在醫護站遇到一名有精神問題的士兵，這次他反應更激烈，直接打了士兵一記耳光。

消息傳開後，巴頓的聲望大跌，各地民眾都寫信要求解除他的職務。在長官艾森豪將軍力挺下，巴頓並沒有被解職，但也因此無法更上一層樓，反而是原本在他麾下的布萊德雷獲提拔為最高指揮官，成為巴頓的上級。

如果巴頓的臉上能多一點Yes，身邊的人就會給他建議，讓他好好控制一下壞脾氣，或許就不會怒摑小兵的耳光，給自己惹來那麼大的麻煩。

雖然戰功彪炳，巴頓終其一生，只當到四星上將，最後因為車禍過世。跟巴頓形成強烈對比的，就是艾森豪將軍，形象親民的他，不但是美國歷史上九位五星上將之一，退伍後更出任哥倫比亞大學校長，之後還成為美國第三十四任總統。

相較台灣，工商業界的領導人真的很辛勞，承受的壓力也很大，態度控制的確不容易做到。但如果能做到，領導力真的就又更上一層樓了。

所謂「臉上寫著 Yes」，簡單來說，就是親和力。親和力展現在幾個面向上，首先，就是要經常微笑。

曾擔任德意志銀行董事長的希爾馬．柯伯，在退休時給同事的臨別贈言是：「我相信，只要各位時常面帶笑容，那麼業績至少會成長二五％。」

為什麼柯伯這麼重視笑容的影響力呢？因為微笑有種神奇的魔力，可以拉近人與人之間的距離，甚至產生信任感。我相信，當時想要渡河的那位農夫，在尋找詢問對象時，也一定在傑佛遜臉上看到了笑容。

有一次我到台中，對東海大學與亞洲大學的ＥＭＢＡ、ＭＢＡ聯合校友會演講。當談到領導人的熱忱與親和力時，我一時興致來潮，問台下的系主任與ＣＥＯ，你們的課

很多人一定記得蕭萬長副總統（前排中）。這張照片中的他是經濟部長，也還有幾位是他的繼任者。其他如台糖、台電、台船、中油等公營企業的董事長、總經理，他們的領導力帶領台灣度過了危機，創造了經濟奇蹟。

程裡有沒有教這些多半是企業主的同學微笑。可想而知的是一定沒有，而且還引起一陣大笑。但是，天知道有多少企業主需要藉親和力提升團隊績效。

當領導人用微笑展現親和力時，必須是發自內心的真誠微笑。敷衍了事的笑容，或是皮笑肉不笑，其實很容易被察覺。

只有當內心充滿了熱忱，才能展現真誠的笑容。

有熱忱，才能讓人願意跟隨

要成為有熱忱的領導人，可以從關心、諒解、尊重、幫助等四個步驟來練習。首先，就是關心，要對他人感興趣。

在卡內基訓練總部，有一位負責產品企劃的副總，前往美國太空總署提案，相當獲得好評。回去後，他很興奮地把好消息告訴負責寫這個案子的女同事，對方卻沒什麼反應，反而對他說：「這幾天，我已經在找其他工作了。」

這位副總很吃驚，趕緊詢問原因。那位女同事說：「多少次我在公司加班，你總是冷冷地從我身邊走過，對我一點都不關心，我多麼希望你能停下來問候我一下！我覺得在這工作與在別的地方工作沒什麼不同，換一個待遇較高的工作也好。」

你看，連我們做卡內基訓練的人，有時候也會對身邊的人疏於關心。這位副總除了說服這位女同事留下來，同時也改變作風，像發放薪水通知單，原本是會計人員直接放在每個同事桌上，就改為他親自來發，藉著這個機會，可以跟同事閒話家常幾句，問候一下對方的家庭狀況，謝謝他這個月來的辛勞，讓同事感受到他的關心。

記得有一次我到北京演講，提到關心他人的重要性。講完後，回到休息室，有一位女性聽眾進來找我，對我說：「黑老師，你說得真是太對了。」然後解釋，她最近跟老闆提辭職，老闆非常詫異：「妳是我的左右手，怎麼可以走？」這位觀眾心裡很感慨。她說，如果老闆早半年說這句話，她就不會去談新工作了。原來她一點都不曾感覺到老闆對她的重視，只是現在已經都談妥了，不得不離開。

很多領導人每天忙進忙出，行程滿檔，卻忘了最重要的工作之一，就是要關心員工，不但要關心，而且還要表達出來，對方才會有所感受。

當你能夠關心他人時，就容易進入第二個步驟：諒解。「諒解」這個字眼，涵蓋兩個層面：一是了解，二是體諒。舉例來說，職場新鮮人剛進公司時，難免會犯錯，引起主管的不滿，如果主管能多了解這些新人的心聲，進而回想自己剛入職場時，也曾經一再犯錯，就會更願意給予包容。

伴隨諒解而來的，就是尊重。一名醫師如果能諒解病人的痛苦，在對待病人時，就不再是冷冰冰的面孔，也不會流露不耐煩的表情，這就是尊重。同樣的道理，領導人如果願意了解員工，就會傾聽員工的聲音，他們就會覺得受到尊重。

有一家公司的老闆，每星期都會找五名不同部門的員工一起吃午飯。剛開始，大家都把跟老闆吃飯當成苦差事，避之唯恐不及。後來這位老闆在用餐時間，他不再怎麼說話，主要都是聽員工發言，讓他們感覺受到尊重，漸漸地，反而是大家搶著跟老闆吃飯。

身為領導，不能只靠外表的神氣。要想更進一步成為好領導，顯然加上一件帥氣的飛行員外套還不夠。

當領導人能夠做到關心、諒解、尊重，他就比較能幫得上同事的忙，而且同事也較樂於求助。一個樂於助人的領導人，就會帶給人親民、有熱忱的形象，不但大家願意追隨他、信任他，他自己也會變得非常快樂。

如果你問我，這幾十年來，自己覺得在領導方面做得最好的是什麼？我想，我會說：

「一定是我對同事的關心、諒解、尊重與幫助。」用關鍵績效指標（ＫＰＩ）、用數字，用規定帶領公司的領導人，一定管不了那麼多。

自信，是領導力的基石

談到領導力，還有一點很重要，就是自信。

當一個領導人站出來，表現出畏畏縮縮、閃閃躲躲，遇到危機時，甚至還驚惶失措，這樣的領導人就很難贏得信任。

獲得二十世紀最偉大經理人美譽的傑克．威爾許，曾經擔任奇異電子執行長達二十六年的時間，退休前夕，他寫了一封信給股東，談到自己對奇異電子的兩大貢獻：第一，把公司轉型為學習型組織；第二，幫助公司中階以上的經理人變得更有自信。威爾許會如此重視自信，是因為他認為，自信的人可以把複雜的事情簡單化。這句話，給了我很深的感觸。我願意坦承的說，我在領導工作所犯的錯誤中，常常是因為自信不夠造成的。

人跟人之間，很多事情會變得複雜化，都是跟沒有自信有關。舉例來說，公司開會時，表達不同意見是很平常的事；但是缺乏自信的人，可能就會把別人不同的意見，理解為找他麻煩，到了下一次開會時，就變得對人不對事，刻意找碴報復，原本只是開會時發表不同意見，卻變成個人恩怨的碰撞了。

想像一下，當你想買房子時，跟著房屋仲介去看屋，房子又大又漂亮，地點好，交通方便，附近又有學校、市場，幾乎無懈可擊；然而，只要房屋仲介對你說：「這間房子的地基不穩。」我想，再好的房子，你也會放棄。

自信，就是領導人的地基。

曾經有人問我，自信和自負有什麼不同？其實，你只要跟這兩種人相處一陣子，就會知道兩者的差異。自負的人高傲，總是冷冰冰的表情，少有笑容；然而有自信的人，則熱情、開朗，也願意幫助別人。

一個人的自信會受到父母的教育方式影響，如果父母親動輒批評、指責，孩子在成長過程中，就會缺乏自信，即使日後坐上管理的位子，也是個沒有自信的領導人。

有家信用卡公司的創辦人曾說過：「天底下最悲慘的事，就是在沒有自信的老闆底下工作。」缺乏自信的領導人，或是會逃避問題，或是不講道理，或是經常用罵人來展現權威，形形色色，我都見識過。

有一次，我去某家工廠參觀，在廠內用餐時，董事長就開始咆哮罵人，此刻有我這個客人在，他都罵得這麼兇了，不難想像，這位董事長平時是怎麼對待員工的。

一個缺乏自信的領導人，動不動就會批評、指責底下的人，因此，他所帶領的團隊，凡事皆以老闆的想法為圭臬，不敢提出任何創見，久而久之，這個團隊就不會成長、進步。

道歉的勇氣，也是自信的展現

領導人認錯、道歉的勇氣，就能看出一個領導人的自信有多強。

有一次，我幫某家外商公司辦訓練，其中一個項目，就是請每個人寫一封感恩的信，我們再幫忙寄出去。活動結束後，該公司的總經理告訴我，同事反應有人沒收到信。當時我們公司正好在搬家，信件很可能不小心跟著其他文件混在一起。剛開始我很緊張，想過去跟他們道歉，對方安慰我：「黑老師，不是你們的問題，這幾個人本來就對我有點意見，想要借題發揮而已。」

然而，沒收到信的幾個人仍咬著這件事不放，我的同事也很棒，從七十幾個紙箱中找回那五封信，我就帶著那五封信上門道歉。其中四位表示不再追究，有一位卻仍然不肯罷休，認為我們應該受到處罰，否則他就要跟媒體爆料。事後，我又發了一封電子郵件表達歉意，對方還是擺出高姿態，說要等著看公司怎麼處理此事。

整個過程中，我已經再三道歉，能做的都做了，也就不再回應，此事最後也就不了了之。

在「卡內基全球領導力研究」中，受訪者最希望主管改進的事，就是能夠認錯。如果領導人缺乏自信心，他把認錯解讀為示弱，會被看輕，因此不願意認錯。

對我來說，認錯並不會影響我的自信心。既然我們在寄信這件事的確有所疏失，我就坦然道歉。

另外，有自信心的領導人，也比較勇於改變。

昆山某家半導體設備公司的副總經理，在公司內部一向以脾氣壞聞名，員工私下還為他取了個「閻羅王」的綽號。自從他自費參加卡內基訓練後，臉上有笑容了，也會關心別人了，連董事長、總經理都對這位副總經理的改變覺得不可思議。

這位副總經理如果沒有自信，即使上過課，可能還是選擇維持原狀；但是他相信自己可以改變，也不怯於改變，因此帶來了脫胎換骨的效果。

兩種途徑讓你更有自信

在卡內基訓練中，增強自信有兩種途徑。首先，要定期（每三個月到半年）花些時間檢視這段時間自己有哪些成就。所謂「成就」，凡是你認為自己做得好、做得對的事，或是對人有幫助的事，都可以涵蓋其中。

除了檢視成就，你還要想想：自己是如何達成這樣的成就。透過這樣的方式，未來你再面對類似的狀況時，就會更有自信。

如果你能勇敢承認自己的錯誤，那麼你一定能從這個錯誤中獲得益處。因為承認錯誤，不僅可以贏得他人的尊敬，同時也增進了自尊。

——卡內基訓練創辦人　戴爾．卡內基（Dale Carnegie）

有位學員是南部化工廠的副總，在分享個人成就時，他提到多年前自己奉命到菲律賓設廠，原本應該要花三年的時間，後來只花一年半就完成任務。以過去的成功經驗增強信心，以後公司再派他去海外設廠，自然更加胸有成竹，甚至自告奮勇承擔，因為他已具備自信。

其次，就是定期檢視自己的優點，但要找到相關的證據。比方說，我認為自己的優點之一就是「有責任感」，我就回想到有一次颱風時，雖然停班停課，我還特地回辦公室檢查門窗，發現真的有扇窗沒關好。那麼責任感就真的是我的優點之一。堅強的責任感，會充實自信。

當你更深入認識自己的優點，即使遭遇前所未有的挑戰，你也有信心，認為自己可以做好。

像我當年開始做卡內基訓練時，對於訓練這個產業還是相當陌生，但是我自認有「擅於轉型」、「學習力快」等優點（證據就是我從休斯飛機公司順利轉戰光啟社），因此我有自信，敢放手一搏。

不論是檢視成就，或是檢視優點，只要你能夠定期進行，你對自己就一定會愈來愈有自信。

延伸思考

- □我能否每天對著鏡子笑三次，每次五秒鐘？
- □我最想關心的人是誰？
- □我最想諒解的人是誰？
- □我最想更加尊重的人是誰？
- □我每年要寫一篇「年記」，將這一年做的「好事」，例如：幫助過什麼人（不一定是物質、金錢方面的）？我跟什麼人說過「對不起」等。

支柱 2 —— 人際溝通與建立團隊

我們都知道，以科技龍頭谷歌（Google）的財力、人力，以及龐大的資料數據庫，幾乎沒有什麼問題能難倒他們。

在二〇一二年，谷歌好奇，為什麼有的部門（單位）所主辦的產品或專案常常成功，有些團隊則常常失敗？於是內部啟動一項名為「亞里斯多德計畫」的研究，目的是要了解促成高效率團隊的因素。

整個計畫進行了三年時間，針對谷歌內部一百八十個團隊，進行約兩百次的調研。這些團隊之中，有朋友組成的團隊，也有陌生人組成的團隊，有一些成員同質性很高，也有一些同質性很低。經過大量數據的分析，最後的結論，相當發人深省。

不少人常有迷思，認為高效率團隊一定是高學歷的優秀人才所形成的黃金組合，事實上並非如此。另一個結果也讓我感到意外，就是高效率團隊跟團隊成員的互補性，並沒有影響到成功的機率。例如：找一些性格外向與內向的人互補，或創意強與執行能力強的人互補，竟與工作項目的成功機率無關。

揭開高效率團隊的祕密

根據亞里斯多德計畫的研究結果，高效率團隊有兩個共同的關鍵因素：「平等分配的發言權」與「社交敏感度」。所謂平等分配的發言權，就是團隊中的每個成員都發言，並且有接近相等的發言機會，而不是由少數幾個人占去大多數的發言時間；社交敏感度，則是指成員從他人的表情、音調等判斷他人情緒的能力。而以上這兩大特徵，都是構成心理安全感的元素。

簡單來說，一個高效率的團隊，每個人都可以在其中暢所欲言，並且相互聆聽，了解彼此的感受與需求，進而建立團隊的向心力和歸屬感，成功機會大了。

而這一切的核心，歸根究柢，就是「人際溝通」。

想想看，有多少領導人能在主持會議時有此功力？（促使每個人都發表意見，而且發言時間都一樣長。）有多少公司的同事們都這麼想表達、敢表達自己的想法？開會的時候，每個人的眼神都看著那位發言人細心聆聽嗎？

坦白說，一定很少。但好消息是，一旦領導人與同事都在溝通方面做到以上這點，我們的工作績效就會大為提升。這已經不是想法或希望了，而是經過谷歌的實際驗證。各位，趕快加油！

我們再從另一項研究中，了解人際溝通的重要性。

從一九三八年起，哈佛大學啟動一項有關「幸福感」的研究，追蹤七百二十四位成年人，每年研究團隊都會深入訪問這些研究對象，了解他們的工作、生活、健康等狀況。

研究對象分為兩組人，一組是當時就讀哈佛大學的大二學生，一組是來自波士頓貧困地區的年輕人。研究小組一路追蹤他們至長大成人，進入各行各業。有些人從社會底層一路往上爬，也有人從原本的菁英階層向下沉淪，深陷酗酒、精神分裂等各種困境。

這項研究持續了七十五年，據稱是史上歷時最久的研究，光是計畫主持人就交棒了四任，現任主持人是該校臨床精神病學教授羅伯．威丁格。該研究不僅時間拉得很長，研究方法更是鉅細靡遺，從問卷調查、家庭訪問，到調閱醫療記錄、驗血、大腦掃描，從成千上萬份資料中，勾勒出研究對象的一生。

二〇一五年十一月，威丁格教授在TED Talks中，分享這項「幸福感」研究的結果。他和研究團隊發現，擁有健康、幸福的祕密，不是金錢或名氣，不是埋頭苦幹，而是良好的人際關係和高品質的溝通能力。威丁格教授強調，良好的人際關係，不在於有多少朋友，或身邊有沒有伴侶，而是這些親密關係的品質。比方說，在婚姻中老是跟另一半吵吵鬧鬧，跟離婚的人相比，或許健康更容易受到負面的影響。

既然溝通與人際關係這麼重要，為什麼還是很多人孤立自己，無法好好發展人際關係呢？關鍵就在於，他們不懂得該如何溝通，他們希望溝通能力是彈指可得的。

會溝通，才能獲得信任感

在希臘神話中，有一位叫做卡珊卓拉（Cassandra）的女神。她原本是特洛伊城的公主，太陽神阿波羅愛上她，送給她預言未來的能力。然而，卡珊卓拉拒絕了阿波羅的求愛，憤恨不平的阿波羅詛咒她，從此她說出來的話別人都不相信。

因此，卡珊卓拉雖然能未卜先知，但是大家都不相信她的話，她因此成為最痛苦的神。在特洛伊大戰中，她預言特洛伊城會被攻陷，因為無法獲得信任，只能眼睜睜地看著木馬屠城記上演。

缺乏溝通能力的人，大概可以體會卡珊卓拉的痛苦，即使能正確的預見事情的結果，卻無法說服大家相信你的判斷。這也常是專業人士成功之路的門檻。

曾經擔任台灣惠普科技董事長的何薇玲，是台灣科技業外商第一位女性董事長。年輕時，何薇玲在美國公司工作，她非常認真，表現也很優秀。然而，公司卻提拔另一位同事擔任經理。

何薇玲很不服氣，就跑去跟總經理理論：「我的能力不比他差，對於公司交代的任務，永遠全力以赴，公司為什麼不選擇我？」總經理的解釋是，何薇玲總是一個人埋頭苦幹，開會也很少發言，若升她當經理，可能無法勝任和部屬的溝通、代表部門對外談判等任務。

何薇玲回家後大哭一場，並從那次升遷的挫敗中領悟到：「要在職場中出人頭地，就要學會溝通。」於是她下定決心，練習多與他人溝通，後來真的有志者事竟成。

多年前，我接到二兒子黑立國的越洋電話，他告訴我，他在任職的美國華盛頓大學醫院晉升為副院長。聽到這個好消息，我當然立刻跟他道賀，但是絲毫聽不出他有喜悅之情，反而有點憂慮。

原來，黑立國擔心成為副院長後，他本來的長官會變成了部屬，他必須肩負督導管理之責。由於黑立國當時才三十出頭，又是個東方人，因此頗為忐忑不安。

我給兒子的建議是，請他去詢問通知他晉升消息的董事，了解院方選擇他當副院長的理由為何。

黑立國真的去問清楚了。後來他告訴我，醫院高層完全就是因為認為他的溝通能力很好，所以提拔他為副院長。

台灣每年有一千多名的醫學院學生畢業，經過二十幾年後，有人已經當到了院長、副院長，也有人仍然只是名醫師。能夠考進醫學院的學生，一定都是最會念書、頭腦很好的菁英，為何日後的發展會有那麼大的差別？我認為，溝通能力的優劣，絕對是個重要的原因。

當然，堅持在醫師的崗位上，並沒有什麼不好；但是，如果他們能夠繼續向上發展，位置愈高，就能服務更多人，為這個社會創造更多的價值。

黑立國的例子，讓我想到了小兒子黑立行的同學布萊恩。布萊恩和黑立行一樣，在史丹佛大學念的是產品設計，畢業後就在一家全球知名的設計公司上班。他熱愛這份工作，常常志願加班也樂在其中。他的這種傑出表現獲得老闆青睞，將他升為經理。

布萊恩升為主管後，上班反而變成一件痛苦的事，因為他不擅溝通，不論是激勵同事、面對客戶，或是主持會議，他都不知道該怎麼做，後來就選擇離開了。真是兩敗俱傷。

不論是何薇玲、黑立國，或是布萊恩的例子，都有一個共同點，就是一個人如果想在職涯更上一層樓，例如要當領導人，光靠專業能力絕對不夠，還要擅長人際溝通。溝通力成了專業人士發揮領導力的一道門檻。

溝通力是給孩子最好的投資

有些人天性外向，能言善道，很容易結交到朋友；另一方面，還是有相當比例的人個性比較內向，不知道該怎麼跟他人打交道。不論先天的特質如何，都可以透過學習的方式，提升自己的溝通能力。其實，有人說內向的人也有一優勢：擅於聆聽。

美國汽車業的傳奇人物李．艾科卡，他原本是福特汽車的一位工程師，因為他對汽車研發沒有興趣，便跟公司申請轉調為業務。在人資部門的要求下，艾科卡接受了卡內基訓練，原本內向害羞的他，從此脫胎換骨，而且在福特汽車步步高升，一路榮升為公司的總裁。

由於功高震主，艾科卡突然遭到福特汽車解聘，而他的下一步，更是讓眾人跌破眼鏡，就是接掌了瀕臨破產的克萊斯勒汽車。

為了挽救克萊斯勒，艾科卡親自出馬遊說美國國會，順利爭取到十五億美元的紓困貸款，幫助公司度過難關。另外，面對龐大的人事成本壓力，還必須進行大規模裁員，包括要解聘三十一位副總經理。

有人建議他，直接由董事會發布解雇的人事命令就好了，但是艾科卡選擇親自面談。而且當他跟這些副總經理們談解雇時，艾科卡先感謝這些副總經理們過去對公司的貢獻，請他們體諒公司的經營狀況不佳，最後再問需不需要推薦函，並對他們的未來給予祝福。最後這三十一位副總經理都平和離開。

不論是遊說國會議員紓困，或是順利完成裁員，沒有橫生枝節，艾科卡都需要展現高超的溝通能力，他後來還留下了一句名言：「我從來不晉升被公司主管評為『此人不善於與他人溝通』的人。」

股神巴菲特年少時就展露出超齡的聰明機智，但是他不擅於人際溝通，在學校成為不受歡迎的傢伙。

後來巴菲特上了卡內基訓練後，溝通能力大為提升，不但結交更多朋友，面對群眾時，也能侃侃而談。由於他從課程中獲益良多，卡內基訓練的畢業證書，多年來一直掛在巴菲特辦公室的牆面上。

在美國，送孩子上大學，是一筆很大的花費。二〇〇八年，美國發生金融風暴，很多家庭的經濟狀況都受到衝擊，曾經有記者問巴菲特：「在這個非常時刻，家長是否應該花一大筆錢送孩子進大學？」

他的回答是：「不是每個人都需要念大學，但是每個人都需要好的溝通能力。」

巴菲特認為，人的一生起起落落，有得有失，但是有一樣東西一旦擁有，別人就無法拿走，那就是溝通能力。

大多數的父母花了很多心思栽培孩子，就是希望孩子長大後，可以過著幸福、快樂的人生，如果父母們知道人際關係的影響力這麼大，相信他們一定會從小就好好加強孩子在溝通方面的能力。

樂在溝通，多多溝通。溝通能力是領導人必備的條件。

用實例感動人，更能有效溝通

領導人的工作，幾乎都離不開溝通，不但要做內部溝通，也得經常跟外部溝通，演講就是一種溝通的方式。

前面提到的汽車巨人艾科卡，還有一個為人津津樂道的事蹟，就是他經常代表公司到處演講。他在自傳《反敗為勝》中，曾經提到幾個演講的技巧。比方說，開場要抓住注意力；最後一定要有結論，並且開放聽眾問問題。至於中段的內容，艾科卡特別提到了一點，就是要穿插實例或故事。

以幽默聞名的美國作家馬克．吐溫，曾經說過這樣一則小故事：有一次，他參加一場慈善募款大會。坐下來幾十分鐘，聽到台上的演講者大聲疾呼要幫助弱者，但是內容空洞，充滿陳腔爛調，原本打算捐二十塊錢的他，改變了主意，決定只捐十塊錢。

接著又有一位演講者上台，也是呼籲大家要發揮愛心，愛人如己，滿滿的口號，卻不感動人心，馬克．吐溫愈聽愈昏昏欲睡。

幾個人演講完之後，募款單位拿了一個袋子傳給聽眾，請大家把善款放進袋子裡，傳到馬克吐溫時，他不但沒有捐錢，反而從袋子裡偷走了一塊錢。

在這個故事中，相信台上的演講者都是一片善意，但是他們沒有群眾溝通的技巧，只會講大道理，即使講得很認真、賣力，聽眾無法感同身受，反而產生反效果。該怎麼溝通，聽眾才會被說服、被感動呢？我想用幾個例子來說明。

美國通用汽車曾經找了一位演講者，在全國各州巡迴演講，一講就是十八年。雖然是同一套演講內容，但是這位演講者每到一個新地點，就會去調查當地的風土民情，再將這些地方特色帶進他在當地的演講中，因為演講的是聽眾感興趣的內容，所以很容易引發共鳴。

另外，在美國前總統柯林頓的當選晚會上，導播事先找到他的高中同學，錄製了一段影片。那位同學說，當年他在服兵役時，有一天，接到家人的來電，通知他父親過世的消息。收到噩耗傷心不已的他，五分鐘又接到另一通來電，就是柯林頓打來的。柯林頓告訴這位同學，自己會協助他父親的後事，要他不要太擔心。

晚會中還有一段影片，是柯林頓在掃街時，遇到一位支持者，對方加油打氣後，柯林頓還是緊緊握著她的手不放，原來這位女士是他在耶魯大學念書時的同學。

這兩段影片就是「實例」，雖然只有短短幾分鐘，沒有歌功頌德，卻充分展現柯林頓關心他人、念舊情的性格。用「實例」來畫龍點睛，絕對比長篇大論的方式，更能夠打動人心。

溝通能力與其他的專業能力，如工程、會計、醫學一樣，是需要學習、練習才能逐步獲得的。

能說也會聽，聆聽有五個層次

因為《心靈花園》節目，在大陸廣受歡迎的心理學家張怡筠博士，曾在演講中分享了一個故事。

過去她在美國工作時，有一次為了一件公事感到非常生氣，要找經理面談。到了經理辦公室，經理當下的第一個反應，就是跟祕書交代，他現在有重要的事要談，如果有電話打來，請祕書代接，並交代除非有緊急的事，任何人都不可以進來，然後就關上門，開始跟張怡筠面談。

看到經理如此鄭重的態度，張怡筠心裡的不愉快就已經消散許多，因為經理表現出願意聆聽的誠意，讓她覺得問題都解決一半了。

讓我們想像一下，如果這位經理跟張怡筠面談時，不時為了接聽電話而打斷她，或是談話時還在忙手上的工作，或是突然有人走進來，張怡筠的問題可能一個變成三個。

在人際溝通的過程中，「聆聽」是非常關鍵、但也是容易被忽略的一環。聆聽看似簡單，其實可以區分好幾個層次。

第一種層次，是完全漠視。比方說，當孩子跟父母親講話時，父母親埋頭在忙自己的事，完全沒把孩子的話放在心上。這種完全漠視的聆聽方式，最容易造成當事人不舒服的感受。

第二種層次，是假裝在聽。這種狀況最常發生在會議中，當長官說話時，底下有人看文件，有人滑手機，或是表面上看起來在聽，其實心不在焉，腦子裡都在想其他的事情。

第三種層次，是選擇性聆聽。簡單來說，就是只聽自己想聽的，如果自己不喜歡、覺得反感的內容，就充耳不聞。舉例來說，議員或立法委員在質詢官員時，不斷地提出質詢，根本不想聽對方的回答。

第四種層次，則是積極性聆聽。就像張怡筠的例子，經理杜絕一切干擾，為的就是要好好聽她講話，讓張怡筠感覺獲得尊重，這就是積極性聆聽。

積極性聆聽，還具備了幾個元素：首先，態度要專注。有些人習慣一心二用，在聽對方講話時，手上還在做別的事，這種態度會讓說話的人感到不受尊重，甚至認為聆聽的人對自己談話內容不感興趣，這就會影響談話品質，降低溝通的效果。

其次，眼神要看著對方。當對方說話時，你的眼神要看著對方，對方就會感受到你聆聽的誠意，也會更願意跟你溝通。相反地，聆聽時不正視對方，或是眼神飄忽不定，就是在跟對方傳遞一個訊息：你講的內容不重要，或是，我只是在敷衍你。

還有一點很重要，就是聆聽時要有所回應。像是跟人通電話時，如果一方滔滔不絕，另一方始終沉默不語，說話的那一方大概很難繼續說下去。

成功的溝通是雙向交流的過程，如果只有一方唱獨角戲，另一方都沒有反應，也很難達到溝通的效果。因此，要做到積極性傾聽，就要適時給予回應，不論是笑容、點頭，或是「嗯」、「是啊」這一類的字眼，對方認為自己所表達的內容獲得肯定，也就更願意說下去。

另外，在聆聽的過程中，適時、適度讚美對方的優點，可以加強表達者的自信，也可以拉近彼此之間的距離。

在積極性聆聽之上，還有第五種層次，就是同理心的聆聽。這是難度最高的一種層次，比方說專業心理輔導人員，可以從談話中了解說話者心中的感受，或是隱藏在話語間的真正含意。通常是受過專業訓練的人，才能達成同理心的聆聽。

忙滑手機，別人在說沒在聽

手機的風行，一方面讓溝通變得更加便利；另一方面，卻又大大降低了溝通的品質，甚至造成嚴重誤會。

記得還沒有手機的年代，開會之前，大家通常會跟坐在旁邊的人聊上幾句，現在則不然，打過招呼後，就開始各自滑手機。

還有一種常見的現象，就是在跟他人談話時，對方一邊聽你講話，同時還在滑手機；或是在開會時，明明有人在發言，其他人卻埋頭滑手機，甚至還彼此用通訊軟體聊天。

我在上課時，也遇過台下的人在低頭滑手機，坦白說，心情真的會變得很不好，覺得自己沒有受到尊重。

哈佛商學院教授法朗西斯・佛雷曾經擔任優步公司（Uber）領導力和戰略部門的高級副總裁，他幫助了深陷輿論危機的優步公司重建企業文化。

在TED Talks中，佛雷分享他在優步公司的經驗，提到當初加入公司後，發現很多人在會議上，彼此會以手機傳訊，還把他人發言的內容流出去。這種行為影響了整個團隊的心理安全感，因為每個人都擔心自己講的話，會在當下立刻被傳出去。

佛雷解決這個問題的方式很簡單，就是要求所有參加會議的人必須關機。如此一來，不但避免會議內容洩露出去，因為大家都不再低頭玩手機，就會在開會時抬起頭，看著發言的人，聆聽對方的觀點，進而大大提升了會議效率。

我曾經到一家世界知名的化妝品公司演講，就談到了手機使用氾濫的問題。演講結束後，這家化妝品公司的總裁問我說：「黑老師，我們公司也有類似問題，以前我一直以為是自己沒有跟上時代的潮流，聽了您的演講後，我也在考慮，是否要推動開會不滑手機……」

聽了這位女性總裁這麼說，我的反應有點激動。我告訴她，即使會後忘掉了我整個演講的內容，只要他們公司能因此改善會議中滑手機的現象，就比我今天的整場演講更有價值。

同仁開會時滑手機，是很多企業領導人的困擾。有一次我去無錫上課。一開課我就提起了手機的影響，此時台下的總經理就舉手，說他們公司過去就深受其苦，後來想出的解決方式，就是設一個「養機場」，上面有一格格的口袋，開會的時候，大家一律交出手機，放到「養機場」，開完會再拿回手機。

我認為這種方式很有創意，效果也不錯，與會人士可以專心聆聽他人的發言，值得企業領導人參考。現在我們每個教室裡也都有一個「養機場」了。

不過，由於有些會議一開就是好幾個鐘頭，有些人可能會因此錯失重要的訊息，我建議，不妨在每個小時之間，安排十分鐘的中場時間，除了可以稍做休息，這時候也可以開放大家去查看手機。

有效溝通，「開會」的效率很重要

在前一章，我提到「亞里斯多德計畫」，在一個高效率的團隊，每個人都有相等的發言時間，而且相互聆聽，了解對方的感受與需求，這兩大重點，都跟領導人是否能主持有效率的會議有關。

要避免會議冗長、無效率，可以遵循以下四個步驟：

首先，要確認本次會議的主題。很多會議在進行時，一旦有人偏離主題，可能愈偏愈遠，最後甚至拉不回來。為了避免「歪樓」，主持人最好在會議開始時，就清楚宣示會議的主題。我還看過某家公司，在開會時會掛上一面鑼，只要有人的發言無關主題，就會敲鑼提醒。

其次，關於會議的主題，每個人都能夠暢所欲言，不能因為有人持不同意見，就不讓對方發言。

接著，根據會議中所討論的問題，大家可以自由提出解決方案。

最後，針對眾人提出的解決方案，進行表決。

進行這四個步驟時，要特別注意一點，就是要限制每個人的發言時間。在波斯灣戰爭時，擔任美軍中央司令部司令的諾曼·史瓦茲柯夫將軍，當時他就要求開會時，每個人只能講兩分鐘，若是有人發言超過兩分鐘，史瓦茲柯夫將軍就打斷他：「現在是戰爭時期，分秒必爭，你一定要在兩分鐘內講完。」因為他的堅持，會議變得更有效率，大家對他也更加服氣。

確認會議主題，讓每個人都有發言機會，同時也限制發言時間，不但有助於會議準時結束，會議也能夠有具體的結論。當領導人能夠有效率地主持會議，他就可以投入更多時間在勉勵同仁，或是栽培人才上。

在一個公司中，如果每個人的意見都相同，就會成為一言堂，對於公司的發展並不是件好事。然而，當大家各持己見，無法取得共識，甚至互相攻擊，也無法形成有效率的團隊。

那麼，該怎麼做，才能讓不同的意見彼此交流呢？

在《ＥＱⅡ》（Working With Emotional Intelligence）這本書中說，微軟創辦人比爾·蓋茲有一次在會議中大發雷霆，很多高階主管都不敢吭聲，這時候，卻有一位華裔女工程師站起來說：「我非常了解你為什麼那麼激動，我以前也有過類似的想法，後來我發現事情真相是這樣……」

聽了她的話，比爾·蓋茲馬上冷靜下來，並表示支持她的意見。在場的與會人士都睜大了眼睛看著她，感到難以置信。

從這位華裔女工程師身上，我們可以學到幾件事：

第一，當團隊內出現不同意見時，不要一開口就駁斥對方，這麼做只會激發對方的防衛機制，之後就很難進行真正的對話。

第二，友善的態度有助於良好的溝通，那位女工程師開頭說的那兩句話，就是展現出同理心，表示她理解比爾．蓋茲，有了這部分作為「緩衝區」，之後她再表達自己的意見時，比爾．蓋茲也就比較能聽得進去。

在溝通中展現同理心，除了形塑會議中和諧對話的氣氛，同時也可以帶動同仁暢所欲言，進而促成高效率的團隊。

我經常舉柯達（KODAK）、諾基亞（Nokia）這幾家卓越的企業作為例子，前者曾經是世界最大的膠卷影片製造商，後者則是手機業界的霸主，後來都走向了由盛轉衰的命運。

這兩家公司剛開始出現危機時，領導人為什麼沒有採取應變之道？我認為有兩種可能：第一種可能，就是有人提出了意見，但是領導人沒有好好聆聽；另一種可能，則是內部缺乏良好溝通的機制，大家不想或無法充分表達自己的意見，領導人不知道問題的嚴重性，最後才變得無法挽回。

從這兩個例子來看，企業文化中的人際溝通品質，對於企業的盛衰成敗，真的會造成很重大的影響。

溝通三層次，從討論到建立共識

正如同聆聽有五種不同的層次，溝通也可以分為三種層次。

一般人在工作、生活中，最常做的溝通，屬於事情的溝通。像是團隊成員討論如何進行工作，如：報價、交貨日期、規格等，或是父母要孩子去做功課，夫妻討論生活中的柴米油鹽，都是屬於溝通事情的層次。

再往上一層，則是情緒或感覺的溝通，大家會交流彼此心中的感受。透過情緒與感覺的溝通，人與人之間的關係就會變得更加緊密。

關於情緒的溝通，我想分享一段往事。一九八六年，由於美國逼迫台幣升值，很多以出口為主的企業吃不消，當時的外貿協會祕書長江丙坤，就號召各大產業的同業公會，組成了約二十人的訪問團，前往歐洲開拓市場。

當時施振榮是電腦公會理事長，理應參與這次的訪問團，但是臨時有事，就授命由我代表。其他團員包括了電機、紡織、玩具、成衣等公會領袖，可以說是各行各業的佼佼者。

我們從北歐的瑞典、挪威、丹麥、芬蘭，一路往南到德國、比利時等國。在長達三個星期的訪問行程中，除了正式的拜會或酒會，在各國之間坐火車、轉巴士時，我和其他團員還有很多共處的時間，特別是每天晚飯後，大家心情都很放鬆，更是無所不談，從經濟的議題，一直談到各自的成長經驗、人生體悟，甚至觸及不為人知的傷痛和遺憾。經過那三個星期的相處，大家因為有了情緒的交流，從此建立了很深厚的友誼。

在領導一個團隊時，如果成員之間經常有機會進行情緒與感受的溝通，彼此的關係會變得緊密，對團隊的向心力和歸屬感也會提升。

領導人更需要定期與同事在情緒、感受方面溝通，例如：了解他最近很開心、很有成就感的事；了解他最近很難過或頗有挫折感的事。

第三個層次的溝通，則是價值觀的溝通。舉例來說，你跟對方談論他想成為什麼樣的人，或是影響他最深的人是誰，或是談談你一生中的貴人，影響你最深者。透過這些談話，可以了解對方的價值觀，進而建立共識與默契。

還有一種價值觀的溝通，就是企業領導人對外公開演講，分享他經營企業的理念。像台積電創辦人張忠謀就經常受邀演講，我好幾次遇到他，都是在演講的場合。

企業領導人從事公眾演講，不但有助於大眾更了解該企業的核心價值，對於企業形象也是一大加分。我相信，台積電的員工一定會因為有張忠謀這樣的領導人，以身為這家企業的一分子為榮。

未來如果有更多的企業領導人願意投入公眾演講，抓住跟社會大眾溝通的機會，好好發揮他們的影響力，將會是台灣社會之福。

好比說科學園區那些高科技公司的董事長、總經理，他們對國人的經濟生活有那麼大的影響，他們的創業精神與理念，應常與年輕人與社會人士分享。就像臉書的祖克伯、

> 企業管理，過去是溝通，現在是溝通，未來還是溝通。
>
> ——松下電器創辦人 松下幸之助

蘋果的賈伯斯那樣，將溝通視為一種使命，並常常樂在其中。

我必須坦承，台灣卡內基訓練能做得這麼好，蟬聯二十七年（至二〇一九年止）世界第一名，一定與我這麼積極參與群眾溝通有關。這麼多年了，從基隆的海洋大學到屏東的屏東科技大學，我都去演講過。

其他像扶輪社、獅子會、慈濟、佛光山、基督教、天主教，還有成功大學的畢業典禮、中學的家長會，還有很多很多，我幾乎是有求必應，得到的反應真的很感人。企業內部的演講就更多了，也包括大陸很多地方。

關鍵是，我一點都不覺得勞累，或視之為一種負擔，而是每次都覺得有一種滿足感，長時期下來，團體溝通（演講）更強化了我的領導力，甚至讓我成為更有影響力的人。

延伸思考

□在一對一的溝通方式，我要如何才能談得更深入，而非只是談一些瑣事？

□溝通不只是一種學識，更是一種能力。我要如何培養這種能力，例如參加某一種培訓。

□準備一張卡片，每當別人跟我說話，或在會議中有人發言時，我沒有低頭看資料或滑手機，我就在卡片上登記一次（例如：「正」字）。希望登記的「正」字愈來愈多。

支柱3——激勵，是最有價值的能力

作家張拓蕪在《代馬輸卒手記》裡講過一個故事：一九八七年他回安徽老家探親，看到睽違四十年不見的妹妹，自然是百感交集。他興奮地拿出事先準備的禮物，兩只電子錶，一只給妹妹，一只給妹妹的女兒。

他妹妹看到錶，反應很平淡，似乎把哥哥的禮物視為理所當然，還告訴張拓蕪，她已經有錶了，言下之意，就是他這只錶白送了。既然妹妹不是很在乎這只錶，張拓蕪就想收回去，但是妹妹又不想還給他。

妹妹的態度，在張拓蕪心上澆了一盆冷水，他告訴自己，這趟探親太令人失望，他再也不會回來了。

半夜，張拓蕪想上廁所，便穿過客廳，走向室外的廁所，外甥女的床就在客廳牆邊，他發現她還沒睡，靠在床邊，在燈下好奇把玩著那只電子錶，還不時露出笑容。這一幕，一掃張拓蕪原本失落的情緒。他說，真想回台灣，把他在永和唯一的一幢房子賣了，把所有的錢留給這外甥女。

同樣都是收到電子錶，妹妹的態度就是不願欣賞與感謝，沒把禮物當回事。結果令人覺得手足之情都不值得一談了。然而，從外甥女的表情中，張拓蕪看到的是真誠感激與欣賞，即使她都沒有把話說出口，張拓蕪就已經深受感動。

這雖然只是張拓蕪的個人經驗，我們卻可以從其中學到一件事：感謝和讚賞，會讓對方感動，進而產生影響力。

一個小女孩、一位同事、一個朋友，表達了真誠的欣賞與感謝，都會引發這麼強烈的反應，想像一下要是領導人這樣做，同事會如何？老闆的真心稱讚更會讓同事心花怒放，全心投入工作。

人人都渴望被肯定和讚美

我在戰亂中長大，父母帶著五個孩子自大陸逃到台灣，還有一個小弟在台灣出生，維持一家生計就已經很不容易，對於孩子的關心、注意力就更有限。然而，在我心中，其實是那麼渴望能獲得父母的認同，甚至是讚美。我想別的小孩也一樣。

直到就讀小學四年級時，我遇到了一位沈老師，他的讚美影響了我的一生。

開學後，我交上了第一篇作文，就收到沈老師非常正面的評價，不但拿了甲上，他還用紅色毛筆字仔細圈點，把他認為出色的句子，全都標示出來。

因為沈老師的肯定，我開始喜歡作文，沒事就找爸媽床頭的小說來看。或許我本身有點寫作的天分，愈寫愈好，我的作文成了學校壁報欄上的常客。

有一次，我在走廊上意外聽到沈老師對另一位老師說：「你看，就是他，黑幼龍，他的作文寫得真好。我到他哥哥班上，把他哥哥的作文拿出來翻閱，都沒有他寫得好。」

我已經不記得沈老師的全名，但是他對我的那番讚美之詞，多年來始終在心頭縈繞。我想，我一生熱愛文學，熱中寫作，甚至走入卡內基訓練，都跟沈老師對我的肯定有關。

現代心理學大師、哈佛大學教授威廉．詹姆士曾說：「人內心深切的渴望，就是得到肯定與讚美。」如果能掌握真心讚美的能力，人緣與影響力一定是最大的。但，又有多少領導人能掌握這關鍵？

十多年前，女兒黑立琍帶了三個孩子從新加坡來台灣探親，曾經發生一段插曲。那一天，大人、小孩都在客廳聊天，我的三名外孫，老大和老三坐在我的跑步機上。七歲的老二安迪很調皮，就打開跑步機的開關，老大和老三立刻就翻滾出去，撞到了牆壁，全家人亂成一團。

正當大人在隔壁房間為老大和老三塗藥包紮時，闖禍的安迪待在客廳裡，低頭喃喃自語：「都是我的錯，都是我的錯。」

這時候，我走到安迪身邊，彎下身子跟他說：「安迪，承認自己做錯很不容易，很多大人都做不到，你做到了，你好棒。」

之後我回到沙發上繼續看報，此時安迪卻慢慢走到隔壁房間，跟他的哥哥、妹妹說：「剛才是我的錯，對不起。」說完，他就嚎啕大哭，我女兒趕緊過去給他一個大大的擁抱。

根據「卡內基全球領導力研究」，八成的受訪者認為，他們最期待領導人具備的特質之一，就是勇於認錯。很多領導人不善於認錯，是因為他們從小到大，很少因為認錯而獲得肯定、讚賞。例如，要是安迪以後在犯錯時，再次得到肯定，幾次以後，他就會成為一個會認錯、會道歉的人了。

為人父母，如果在孩子犯錯時，用正向的方式，鼓勵他們勇於認錯，這絕對比責備、處罰，更能達到影響孩子的效果。人，特別是領導人的性格中，能含有認錯、道歉的素質，他的命運一定更精采。

家人有時會吵架，同事也會起衝突，部門之間一定也有爭執，顧客抱怨也是最難處理的問題。但領導人要是經常能以身作則，向他人認錯、道歉，以上這些難處，就都能迎刃而解。

此刻又到了我與你談心的時候了，雖然我常要求自己認錯，說對不起，但真的很不容易。加油！

用感謝消弭抱怨與爭執

美國教育家約翰．杜威說過：「人類本質裡最深遠的驅策力，就是希望具有重要性。」無論多偉大或尊貴的人，他們和平常人一樣，在受到肯定的情況下，會更加奮發工作，效果也更好。

從職場的角度來看，如果我們和他人合作時，都不知道感謝、讚美，把別人的參與都視為理所當然，人家以後就不想跟我們合作了；如果是非做不可，別人也只會做到及格邊緣，不想有多一點的投入和貢獻。這就是為什麼有人愈做愈好，愈來愈成功，有些人卻愈來愈孤獨，沒有人想跟他合作。這方面也是《EQ》（Emotional Intelligence）書中所強調的。

我從事卡內基訓練三十多年，教過多種課程，幾乎每種課程都會講到激勵，每次講到這部分，學員的反應總是十分溫馨。

舉例來說，有一次我去杭州某家企業上課，這家公司的老闆非常用心，大手筆租了西湖畔一家五星級酒店的宴會廳，把各分公司的主管，約三、四十位全都找來上課。

講課之前，這位老闆告訴我，這些員工剛加入時，對公司各方面都很欣賞、感謝。隨著任職的時間愈來愈長，開始出現各種抱怨，覺得公司支援不夠，福利不好，彼此還互看不順眼。

如果我講道理，效果一定很有限。於是，我讓他們圍成圓圈，請每個人分享，現場哪個人是自己的貴人，對方做了什麼值得你感謝的事，或沒有哪個人，你就沒有今天了。

一開始眾人都靜默，我就先說了幾個感謝的故事來暖場，接著就有第一個人舉手，指著其中一名同事，說起他剛進公司時，對方是如何幫助他，話還沒說幾句，聲音已經哽咽了。隨著發言的人愈來愈多，氣氛也熱烈起來，有些人甚至講到泣不成聲，最後互相擁抱。

這種反應不是特例。某個政府機構曾經找我去上課，主事者事先也跟我透露，他們有好幾個部門，經常為了爭取預算而爭執不休，於是我在為期一天的訓練中，也請他們相互感謝。事後，我收到回饋，說他們部門間的爭執變少了，內部的氣氛和諧許多。最重要的是，能以整個團隊的目標為主。

感謝與讚美，似乎擁有一種魔力，可以讓人放下心防，建立了解和信任。如果一個團隊的成員，經常感謝與讚美彼此，一定會減少很多抱怨和衝突。但是，沒有經過練習，有多少工商業界領導人能常做到？

激勵是領導人重要的軟實力

一九八七年，琳恩颱風襲台，重創台北。颱風過後，當時的台北市長許水德帶著幹部巡視災區。有一天，許水德收到經國總統召見的通知，便立刻前往總統官邸。

許水德以為自己一定會挨罵，因此心情相當忐忑不安，沒想到，經國總統見到他就說：「我知道，這幾天媒體把你罵得很慘。你不用在意這些批評，你在市政工作上的認真付出，我都看在眼裡。」經國總統還強調：「我只是想告訴你，你做得很好，我非常欣賞你的工作。」

許水德聽了經國先生的話，非常感動，覺得可以為這樣的領導人，赴湯蹈火，在所不惜。

很多企業領導人常出現的盲點，就是低估了讚美和感謝的重要性，以為給員工加薪和福利就好，但很多調查研究出來的結果均非如此。

美國歷史上有兩位知名的卡內基先生，一位是創辦卡內基訓練的戴爾・卡內基（Dale Carnegie），另一位則是白手起家的鋼鐵大王安德魯・卡內基（Andrew Carnegie）。後面這位卡內基先生，在一九一〇年曾經以年薪一百萬美元聘請一個叫查爾斯・舒瓦伯的人來擔任總經理。在那個年代，大公司的總經理年薪大概只有一萬美元，他卻比別人多出一百倍，大概是現在的七、八千萬美金。

難免有人好奇，舒瓦伯到底有什麼通天本領，讓卡內基先生願意付他天價的待遇。他的回答是：「因為卡內基知道，我有一個最值錢的本事，就是我最會在別人做得好的時候讚美他，激勵他。」

不可否認，專業知識和能力非常重要，但是當你當上了領導人，你就必須具備讚美、激勵他人的能力，在一百多年前是如此，一百多年後的現在，仍然如此。尤其在這個網路時代，所有的專業知識和能力，都迅速汰舊換新，而讚美、鼓勵他人的「軟實力」，始終是領導人不可或缺的關鍵能力。

前面我們提到了美國汽車業的傳奇人物艾科卡，有一次，他受邀到麻省理工學院進行演講，由於聽眾都是菁英，因此他事先做了很多準備。演講結束後，開放現場問答，艾科卡本以為聽眾會問專業方面的問題，沒想到大家的提問都是跟激勵有關。甚至還有人問他：「你是福特汽車的總經理，你今天來這裡演講，公司裡的主管應該由誰來激勵呢？」

從此，艾科卡深深體認，對於領導者來說，激勵是一件多麼重要的事，不但要做，而且時時刻刻都要做。

他有句名言，就是：「激勵是一切。你可以做兩個人的工作，但你無法變成兩個人。你必須鼓舞下一個人，並讓他去鼓舞團隊成員。」

給母校的真誠建言

二〇一六年七月，我以校友的身分，受邀回母校空軍航空技術學院（前身即空軍通校）獲頒「卓越傑出校友」獎。獲得這份殊榮，我其實滿感意外，因為我在校時，成績並不出色，然而校方還是肯定我推動卡內基訓練的成果，讓我有幸列入傑出校友。

當天，與其他四位中將、少將一起領獎，已經有點覺得不可思議了（因為我只做到少校），沒想到校方希望，我在接受頒獎後做一場演講。就在毫無準備狀態下，我以歐普拉獲頒哈佛榮譽校友獎的故事開始，以彼得・杜拉克的名言：好團隊的特徵——「從中能獲尊重與成長」為結束。

我會有這樣的感觸，跟我在軍隊中的經驗有關。過去軍中以威權領導居多，對於基層人員的管教比較嚴厲，罵得很兇。

相對之下，陸軍將領出身的美國總統艾森豪曾說，領導力是要自己掙來的，因此他經常面帶笑容，跟士兵們閒話家常；美國第一位黑人四星將領柯林・鮑爾總結自己四十年的軍旅經驗，他認為溝通會比命令，更能讓部下投入工作；我聽過一位退休的美軍將領說，他不願意在大家面前罵人，因為那樣會貶低自己作為領導人的形象。

未來國軍如果要走上募兵制，就必須將親和力、關心、尊重、溝通能力列為培訓課程，視為領導人必須具備的條件，如此才能吸引優秀的年輕人加入國軍的行列。

我相信，很多領導人都知道肯定、讚賞他人的重要性，但是他們沒有去做的原因，不是不想做，而是不知道怎麼做。這跟華人成長過程與學校教育有關。

多數人在成長、求學的過程中，學習的核心都是在數學、英文、物理、化學等科目，除了筆試，還是筆試；但是對於一個人要立足社會所需要的各種溝通技能，不論是一對一的溝通，或是面對公眾演講，我們所受到的培養、訓練幾乎是零。領導力中的激勵能力也一樣。

這也是為什麼，卡內基訓練能在台灣這麼小的市場，創下了全球第一的業績，因為我們抓住了華人社會龐大的激勵與溝通力需求。

讚美、肯定，讓他想變得更好

你一定看過，或實地參觀過台中的國家歌劇院，或嘉義的故宮南院，是不是覺得既美又壯觀！負責建造這些震撼人心建築物的公司董事長吳春山，就是我見過能及時給予他人真誠感謝的人。

記得他的公司草創初期，有一天晚上我在他家裡，他接到一通同事的電話，大概是報告某件事已經完成。當時吳春山在電話中回答說，「哇！我真有福氣，你們都這麼不分日夜的工作。」這已經是二十多年前的事了，他可能自己都不記得了。我還清楚記得，原因就是他真的學以致用，給予同事真誠的感謝。

我喜歡看電影，也常常用電影中的情節來舉例，有一部我經常提到的老電影，就是《窈窕淑女》（My Fair Lady）。

這部電影改編自英國諷刺大師蕭伯納的劇本，描述語言學家希金斯和他的朋友皮克林上校打賭，將一位原本說話粗俗、舉止隨便的賣花女杜麗朵，改造成一名氣質高雅、儀態萬千的窈窕淑女。

在訓練的過程中，希金斯花了不少心思，包括矯正她的發音，傳授各種淑女禮儀，終於讓杜麗朵脫胎換骨，穿著變高貴了，人也變得端莊。希金斯和皮克林上校帶她去參加宮廷晚宴，杜麗朵可以說是迷倒眾人，連皇太后都被騙倒，直呼：「這是哪家的閨秀，形象這麼高雅！」

相較於電影是喜劇收場，杜麗朵留在希金斯教授身邊，在原作中，卻是悲劇結束，女主角選擇了離開。

離去前，杜麗朵跟皮克林上校有一段耐人尋味的談話。她說，在希金斯教授面前，她就是很想講髒話、做出粗魯的動作，因為在他心中，她始終是那個粗俗的賣花女。「可是您不一樣。我在你面前很想舉止端莊，談吐高雅，成為一名淑女，因為在您心目中，我已經是一位淑女了。」

杜麗朵這番話很值得領導人深思。當我們經常讚美、肯定一個人，給予正面的評價，對方往往有機會發展成為我們所期待的樣子；相反地，如果老是貶低、看輕一個人，他也可能自暴自棄，人生從此一落千丈。

這就是心理學上所謂的「比馬龍效應」，而蕭伯納劇本《賣花女》的英文原名正是「Pygmalion」。

Pygmalion 這個字，原是希臘神話中塞浦路斯國王的名字，他熱愛雕刻藝術，花了畢生的心血，雕出一個美女雕像，取名為加拉蒂。沒想到，因為加拉蒂太美了，比馬龍居然愛上她，日思夜想，每天呼喚她的名字，盼望雕像變成真人。比馬龍真摯的感情，感動了愛神，施展法力，賦予雕像生命，加拉蒂就化成真人，兩人永浴愛河。

一九六六年，美國教育界做了一個「比馬龍效應」實驗，研究人員在一批小學生當中，先測試他們個別的智商，不做評分，隨機抽出二〇％為實驗組，然後對老師聲稱這批實驗組學生是「資優兒童」。大約一年後，研究人員再為這個實驗組的學生測試智商，發現平均智商增長率明顯高於其他學生。

這群「資優兒童」是隨機抽出的，有些人的智商就是一般水準，但是老師在研究人員給予的訊息下，把他們當資優生看待，激發了這些學生的潛力，因此智力方面的發展愈來愈好。

這個實驗告訴我們一件事：一個人倘若得到適當的鼓勵和認同，平庸的人也可以有突出的成就。但如果一開始就認定他不行，通常結果就真的會失敗。

從領導的角度來看，當你把同仁看成出色的人才，經常給予讚美與肯定，他們在工作上的表現，可能如你期待，會變得更優秀。如果在你的心目中，認為這些同仁只是庸才，他們也會如你所料，成為徹頭徹尾的庸才。

ＩＢＭ創辦人湯瑪士．華生之子小湯瑪士．華生就是「比馬龍效應」很好的例子。

小湯瑪士年輕時是名遊手好閒的花花公子。二次世界大戰爆發後，他入伍服役，他的上司就是知名的五星上將布萊德雷將軍。

有一天，小湯瑪士收到父親的來信，要他戰爭結束後就回去接掌ＩＢＭ。看完信，小湯瑪士一臉悶悶不樂。布萊德雷發現了，就向他詢問原委。小湯瑪士把父親的要求告訴了布萊德雷，「可是我覺得自己毫無所能，沒辦法當ＩＢＭ董事長。」

然而，布萊德雷卻重重地往小湯瑪士肩上一拍，興奮地說：「這真是天大的好消息，你應該高興才是。」然後，他非常認真地說：「我這輩子閱人無數，看人的眼光相當準。我佩服你父親的判斷，他真的很有眼光。」

布萊德雷的這番勉勵，讓小湯姆士重拾信心，退伍後回去接掌ＩＢＭ，在他的帶領下，公司也成為舉世聞名的電腦品牌。

比馬龍效應，可以改變人生

回想我這一生，我遇到了好多位貴人，除了前面提到的沈老師、楊世績隊長、丁松筠神父等，還有幾個人也值得記上一筆，他們的肯定和激勵，也為我的人生帶來了「比馬龍效應」。

我在軍中的最後兩年，從事翻譯官一職，主管是空軍總部聯絡室副主任王昌國上校，他跟嘉義空軍基地的楊隊長一樣，對我也極其賞識。第一天報到時，王上校就直接對我說：「我們準備重用你。」後來果真如此，只要有國外的來賓，他一定找我負責英文簡報、翻譯，並陪同隨行，因此常有機會見識大場面，一睹高級軍事將領的領導風範，因而有更多機會接觸國際工商業界巨擘。

我開始從事卡內基訓練後，也接受過多位美國總部高層人士的讚美和鼓勵，其中一位就是卡內基夫人。她那時還是董事長。

那時我們在台灣起步才四、五年，就做到全球第一名，讓我有機會率領團隊到美國參加表揚大會。當時，卡內基夫人還健在，她跟我們單獨用晚餐，讓我們覺得備受禮遇。之後，有一任卡內基訓練的總裁，他還在晚宴上，請每位董事站起來，輪流說幾句肯定我的好話。

因為這些董事的讚賞，更加觸發我想要成功的動力，因此我愈做愈好。即使面對全球金融危機時，企業都刪減教育訓練的預算，各地的卡內基訓練業績都衰退，只有台灣不降反升，算是沒有辜負他們的期待。

從親子關係的角度來談，我家老二黑立國，也是因為受到讚賞和鼓勵，改變了一生。

黑立國從小就非常調皮搗蛋，以前住美國時，他還曾經把火柴往汽車油箱丟，差點釀成大禍。我和太太對於這個孩子，真的很擔心。

高二那年，黑立國加入學校的摔角隊，受到教練賞識，經常以他為榜樣，要隊上其他成員向他看齊。黑立國從此就像是變了一個人，開始用功讀書，成績突飛猛晉，後來考進醫學院。畢業後，他在美國華盛頓大學醫院任職，因為溝通能力很好，短短幾年，就獲提拔為副院長。

黑立國的例子證明，讚賞和肯定所產生的「比馬龍效應」，即使是原本不被看好的「黑羊」，也能成為急起直追的「黑馬」。

讚美不只要真誠，還要即時

當我們要透過讚賞影響他人時，有幾個重要的條件。

首先，讚賞必須是真誠的。「真誠」這兩個字，在英文中可對應到「honest」和

「sincere」，一方面是誠實的，另一方面真心真意的。卡內基先生說過：「虛偽的讚美是一張偽鈔。」我們不能隨便用假鈔，因為用了會帶來麻煩。相同地，如果不是打自心底真正的讚賞，最好不要講，也不要表達出來，假的讚美別人聽得出來。

其次，要即時給予讚賞。

我曾經在報上看過一則小故事：在一個小村莊裡，有位賣豬肉的屠夫，因為樣子兇悍，老是一臉生氣的表情，村民們都有點畏懼他。後來，屠夫死了，一位鄰居來安慰屠夫的女兒說：「妳不要難過了，其實我了解妳爸爸，他是個面惡心善的好人。」

屠夫女兒聽到這句話，張大眼睛，直瞪著這位鄰居，把對方嚇壞了，心想自己說錯了什麼話。只見屠夫女兒接著說：「你為什麼不早點講？我父親一直到臨終前，都覺得自己人緣很差，是一個沒有人喜歡的人。如果他能在活著的時候聽到你這樣講，該有多好！」

當你想讚賞一個人，最好的時機就是在當下。遲來的讚美，效果一定不如當下說出來的好。

有位國外的卡內基講師告訴我，殺人鯨是海裡最兇猛的動物之一，卻能夠被人類馴服，甚至從事表演，就是因為訓練員在牠每次做對一件事情時，就立即給予獎勵。同樣的道理，當員工有了好的表現，就要立刻肯定、讚美他，對方的感受一定會更加深刻。

多年前，有一位中油的廠長在課堂上，跟我們分享了親身經驗。

有一天，晚上十點多，這位廠長下課後回到廠裡，看到一位資深工程師還在加班。以前遇到加班同事，他通常是提醒：「這麼晚了，還不回去？」不過，上了卡內基訓練課程後，這位廠長特別走到這位工程師旁，對他說：「你這麼有責任感，好棒。我們廠裡如果多幾個像你一樣的人，不知道該有多好。」

這位廠長回到辦公室後，大約過了幾分鐘，有人敲門進來，就是那位加班的工程師。他對廠長說：「我到中油已經二十年，從來沒有哪一位長官和我說過你剛才說的那些話。我是來告訴你，那些話對我來說，多麼受用。謝謝！」接著眼淚就掉了下來。

這位廠長能夠讓對方這麼感動，就是因為他真誠而即時的給予讚賞。

問問題，用「心談」也能讚美人

讚賞他人，有好幾種不同的層次。

最淺層的讚賞，就是外在表象的讚賞，例如「妳好美」、「今天穿得真帥」，聽起來像是社交辭令，對方的感動也很有限。

再深入一點，則是讚美對方的成就，比方說，對方的事業、工作表現、學業成績，或是教養子女的成果。

至於最能帶來鼓舞作用的，則是讚美對方的性格或重要性。

前一章，我談到我的外孫安迪，他現在已經是十七、八歲的青少年。有一天，正好我和他兩個人在家，我突然靈光一現，主動跟他說：「安迪，你能告訴我，自己有哪三個優點嗎？」

起先他立即回答說：「沒有。」後來他想了想，勉為其難說了第一個優點：「我很正向。」我就追問下去：「你為什麼認為自己很正向？」他舉例說，雖然班上的排球隊屢戰屢敗，但是他仍然很熱愛排球，沒有因為輸球受到影響。

我就對他說：「安迪，你真的很正向。我記得，之前你跟女朋友分手，你不但沒有沮喪，而且還跟她維持很友好的關係。」他眼睛為之一亮。

接下來，安迪又講了自己兩個優點，分別是「體貼」和「自律」。安迪每講一個優點，我就請他舉例，然後我也補充一個例子，一來一往之間，我就是透過問問題，來讚賞安迪的性格。你可以想這十分鐘，只要十分鐘，會帶來多大的激勵。

當我們不知道從何處讚賞他人時，問問題就是個很好的方式。在卡內基訓練中，我們有「心談」，就是教導同學如何提出一連串的問題，讓對方盡情傾吐。其中有一段就是請他講講自己的優點，你再利用這個機會讚賞他。

東方人一向比較含蓄，如果主管不善於口頭向員工表達感謝，透過文字也是一個很不錯的方式。代理「膳魔師」的皇冠金屬總經理吳昇澤，上過卡內基訓練後，就將課堂上所學，充分應用在工作上，包括特別印製感謝卡，再花了很多心思，為每位員工寫上感謝的話。

吳昇澤告訴我，員工收到感謝卡後，不但開心，還會拿給家人看，讓家人知道，自己在做一份很有意義的工作，這也代表在員工內心深處，對自己的工作引以為榮。

讓員工獲得肯定，真的是良好領導的重要關鍵。身為領導人，如果想要激發員工的潛能，絕對不能吝於付出感謝和讚賞。

激勵他人，是最珍貴的領導力。
同事們受到激勵後，會更全心投入，不僅績效大為提升，忠誠度也扶搖直上。

先輔導員工成長，再改正過錯

最後，我想談一談，如何用鼓勵的方式，來指正員工的過失。

談到這裡，我必須說明，在領導管理工作上，只靠讚美、感謝等正面的方法還不夠。員工犯錯時，主管還是要改正他們的過錯。更重要的是，讓他們能從中記取教訓，以後會變得更好。這些都不做的話，我們就是放任的領導人了。

有一家大型藥品公司曾推出一新產品，上市後銷路一敗塗地，董事長就要負責該產品的行銷副總來見他。這位被召見的行銷副總，心情很是忐忑，猜想自己一定會受到嚴厲的斥責。然而董事長卻對他說：「我在擔任你這個職務時，也曾經推出過一新產品時，那次的結果比你這一次還要慘。你這次犯錯了，相同的錯誤，就不要犯第二次了。」

卡內基金科玉律中有一條，「先說自己的錯在哪裡，然後再指正他人的錯誤」。這位董事長就是用這種方式，不但指正了員工的錯誤，又不會傷害對方的感受，如此一來，這位行銷副總日後在推出新產品時，一定會更謹慎小心，避免再度犯錯。

領導人如果懂得鼓舞人心，就像是擁有一根魔法棒，可以化頑石為珠玉，讓他所領導的每個人，都活出最棒的自己。

如果你問我：

- 領導能力中哪一項最寶貴？
- 卡內基訓練中，哪一項課程最感人、最有用？
- 為什麼你的孩子都很優秀，都很敬天愛人？
- 為什麼既無光鮮的學歷，也沒那麼辛苦，卻能將事業經營得那麼好？從無到有，並榮獲世界第一？
- 為什麼……

我對以上問題的回答都是：我用到了激勵的能力，而且真的覺得，要是用得再多一點就好了！

> 先讚賞一個人做得好，再慢慢幫助他改善缺點。這種方法，無論是應用在辦公室、工廠、家庭、配偶、子女或父母，在任何人身上都管用。
>
> ——卡內基訓練創辦人　戴爾・卡內基（Dale Carnegie）

延伸思考

□第一步是設法在同事、朋友、家人身上找到優點。試看看，一定有！

□接著就是練習向他們表達出來。開頭有點難，或不好意思，多做幾次就自然得多了。

□激勵是領導力中最重要的一環，如實在有困難（很多人如此），就讓卡內基訓練助你一臂之力吧！

支柱4 做自己情緒的主人

一九九五年，哈佛大學心理學博士丹尼爾．高爾曼出版了《EQ》這本書，立刻引起轟動。

過去，人們以智商（IQ）作為衡量人類天賦的唯一指標。而高爾曼提出「情商」（EQ）的概念，證實情緒並非善變的心情，而是大腦與心互動的結果，屬於情商，會深刻影響我們的學習、工作與人生。

高爾曼舉了一個例子：在一架飛機中，從機長、座艙長、空服員，甚至是乘客，如果都具備良好的情商，合作無間，空難事故的機率會減少四分之三。

至於情商對於領導人的影響，就更加重要了。尤其是企業發生危機時，領導人如果無法好好管理情緒，就會重創公司形象。

我看過一則新聞：有一家石油公司的大油輪，在阿拉斯加的海域發生漏油事件，漂流在海上的石油，造成了嚴重的環境污染，導致當地的鳥類一身油污，看得人怵目驚心，新聞畫面公開之後，引發外界的批評聲浪。

然而當這家石油公司的老闆接受採訪時，還氣急敗壞地說：「連太空梭都會爆炸，哪有東西不會出事的？」他認為外界的批評沒有道理。這場失控演出，不但釀成這家石油公司的公關危機，股票還因此大跌。

情緒性的批評，只會帶來反效果

這則新聞讓我回想起，當年我在美國時，有一次在知名的新聞節目《夜線》（Nightline）看到一個訪談，主播泰德·柯普爾一向以提問犀利聞名，那一次，他訪問一家製藥廠的老闆，該公司遭到有心人士在其止痛藥品中下毒，造成多人死亡。那是轟動一時的社會事件。

在訪談中，柯普爾對於該藥廠如何處理該危機，提出很多尖銳的問題。只見對方態度鎮靜，都給了清楚的答覆，像是該藥品已全面下架，並且將包裝外殼加強，難以拆開等，沒有顧左右而言他，更沒有被激怒，最後連柯普爾都肯定該藥廠的努力，直說：「你辛苦了。」

《夜線》的收視率很高，節目播出後，社會大眾看到這位領導人處變不驚的反應，很快就恢復了對這家藥廠的信心。

當一個人ＥＱ不佳時，就容易情緒失控，反映在行為上，就會用尖銳的語言去批評、反擊他人。

《ＥＱ》一書中，曾經有這樣一個故事：有一家出版社的執行長對員工很嚴厲，經常在辦公室罵人，員工都很害怕他。後來，這家出版社遭另一個出版集團購併，董事長第一個解聘的人，就是這位執行長。

由於這位執行長自認做得還不錯，他對於自己被解雇，感到難以理解，於是去找公司高層詢問原因。對方透露：「因為你常常很嚴厲的罵人、批評人，所以我們認為，你不適合留在我們的公司。」

「難道屬下犯錯時，不用管教嗎？」這位執行長還是很不服氣。

高層告訴他：「犯了錯當然要管，但是不能用傷人自尊的方式。你動不動就怒罵同事，對他們做出很激烈的批評，這樣的領導風格，很難獲得同事由衷的合作。」

沒有人喜歡被批評，批評只會引起反感，甚至迫使對方為自己辯護。好比說，當你指責業務同仁業績太差，他第一個反應就是替自己找藉口，或是最近景氣太差，或是廣告選錯媒體，不管什麼原因，都不是自己的錯；為了強化他的說服力，可能還會拿別的業務員當擋箭牌，說他們的業績也好不到哪裡去。

卡內基訓練「金科玉律」的第一條，就是「不批評、不責備、不抱怨」，當你批評他人時，很可能傷到對方的自尊，當人的自尊受到傷害時，就算你講的話再有道理，對方也聽不進去，甚至對你失去信任。

因此，所有的領導人都應該了解一個道理，任何情緒性的批評、責罵，只會造成衝突，所帶來的正面效果只會是零。

不只擁有好脾氣，還要有顆善良的心

二〇一〇年，亞馬遜創辦人傑夫．貝佐斯在母校普林斯頓大學的畢業典禮中致詞，分享了自己年少時的一段往事。

貝佐斯小時候，夏天都是在祖父母的農場度過。因為祖父母參加一個房車俱樂部，經常結伴遍遊美國和加拿大。每隔幾個夏天，貝佐斯也會加入祖父母的隊伍，祖父開車，祖母坐在旁邊，他則坐在後座。

祖母愛抽菸，但是貝佐斯很討厭菸味。他曾經看過一個廣告，大意是說，每吸一口香菸，大概會減少兩分鐘的壽命。於是，他開始估算祖母每天抽菸的時間，然後得到一個數字，於是，他拍了拍前座的祖母，很得意地宣告：「妳每天吸這麼多菸，就會少活九年。」

貝佐斯本以為自己的算術技巧會贏得祖母的掌聲，沒想到，過了一會兒，祖母反而哭了起來。此時，祖父把車子停下來，要貝佐斯跟著他下車。從來沒有對貝佐斯說過重話的祖父，注視著他，靜靜地說：「孩子，總有一天你會明白，善良比聰明寶貴得多。」

不批評、不責備、不抱怨，如果只是壓制自己的情緒，通常很難持久。然而，如果我們從善良的心出發，自然而然地，就會替他人著想，不會隨意出口傷人。

我們總是很容易看見別人的失敗、錯誤和缺點，而且忍不住提出批評和建言，卻沒有考慮到對方的感受，就像貝佐斯忍不住提醒祖母，抽菸會導致壽命減損，反而傷了祖母的心。

一個EQ高的領導人，不只脾氣好，少罵人，更重要的是，要有一顆善良的心。

跟意見不合的人共事

帶領團隊時，難免有你討厭的人，或是討厭你的人，跟自己不對盤的人相處、共事，也考驗了領導人的情商。

曾經擔任星巴克執行長的霍華．舒茲，小時候生活在國民住宅，一棟樓裡擠了一百多個背景迥異的人，卻只有一台小電梯，眾多住戶彼此看不順眼，這樣的環境，也讓舒茲必須學習跟討厭自己的人相處。

舒茲說，他從小就學會察言觀色，不讓自己因特立獨行或一時的情緒（憤怒、害怕、難過），而遭到他人的憎惡，相反地，他們對他產生寬容，有時甚至還能贏得友誼。

舒茲認為，領導人要裁掉一個跟自己想法、做法不同的人，當然很容易；然而，團隊中每個人的觀點都必須重視，在解決重大問題時，才能做出最面面俱到的判斷。

二次大戰時，美國為了研製原子彈，推動一項「曼哈頓計畫」，該計畫極為機密，當時的總統法蘭克林．羅斯福，以及國防部長亨利．史汀生當然知情，但連副總統哈里．杜魯門都被蒙在鼓裡。

有一天，杜魯門跟一位記者聊天，聽到「曼哈頓計畫」的風聲，但不知道是什麼？

他還答應記者，幫忙打聽是怎麼一回事。後來，杜魯門在走廊上遇到國防部長史汀生，就主動問起此事。史汀生一聽到「曼哈頓計畫」幾個字，大為驚恐，立刻訓斥杜魯門，不可再談這件事，杜魯門平白無故挨了刮，也只能摸摸鼻子。

之後，羅斯福總統因病過世，由杜魯門接下總統一職。史汀生心想，他之前得罪過杜魯門，應該會被視為眼中釘，就悄悄遞上辭呈。

杜魯門接到辭呈，問清楚原委，就對史汀生說：「每個人的成長環境不一樣，因此，我們不可能喜歡每一個人。但是，至少讓我們做到尊重彼此。」他的器度，讓史汀生十分佩服，就選擇留下來，繼續為杜魯門效力。

從這件事看得出來，杜魯門是個高 EQ 的領導人，他也有自己的偏好，也有自己的脾氣，但具有極大的包容力，不會因為個人好惡，影響了用人的判斷，難怪他後來曾經被選為美國歷史上最好的總統之一。

作家龍應台有一次跟大兒子安德烈在一家高級餐廳用餐，服務生不知道什麼原因，頻頻出錯，先是讓他們久等，又是送錯菜，而且態度還很不好。龍應台終於忍不住了，就對服務員說：「您可以留意一點嗎？」

服務生聽了她的話，臉色當然也不怎麼好看。對方離開後，安德烈對母親說：「媽，您知道馬克．吐溫怎麼說的嗎？」

「他怎麼說？」龍應台問。

安德烈回答，「馬克．吐溫說，『我判斷一個人的品格，不看他如何對待比他地位高的人，而是看他如何對待比他地位低的人。』」

當下，龍應台還以為是兒子編來唬她，回家一查，才發現馬克．吐溫真的說過這句話。仔細想想，馬克．吐溫真是說出了人性的通病。對象身分、地位不同，展露出來的情商也有差別，如果對方地位高，就會和顏悅色，必恭必敬；如果對方地位低，可能就頤指氣使，甚至沒把他放在眼裡。我很佩服龍應台的包容力，我更佩服馬克．吐溫對人性的敏銳觀點。進一步而言，這正是領導人的風範。

善待「為你摺降落傘的人」

這又讓我想起了「小鷹號」的故事。

故事的主人翁是一位美國海軍軍官，叫做卜朗姆少校，他曾經擔任「小鷹號」航空母艦上的戰鬥機飛行員。

卜朗姆少校在越戰期間出過七十五次戰鬥任務，就在執行最後一次任務時，遭地面的飛彈擊中，他跳傘求生，落地後被越共抓住，吃盡了苦頭，才獲得釋放，當時整個人已經瘦到皮包骨，憔悴不已。

後來獲得釋放。回到美國後，有一次他帶著太太開車穿越中西部。天黑後，投宿在一個小鎮的旅館。完成登記後，他們到旁邊一家小餐廳吃飯，剛坐下不久，就有一位陌生人走過來搭訕：「你一定是卜朗姆少校吧？」

卜朗姆少校很訝異，心想，在這麼冷清的小鎮上，怎麼會有人認識他。對方自我介紹，原來他也在「小鷹號」上工作過，不過是個在艙底下摺降落傘的小兵。

對方臨走前，還特別抛下一句：「那天你的降落傘有發揮作用吧！」

當天晚上，卜朗姆少校在旅館裡輾轉難眠。他回想自己在航空母艦上，穿著飛行衣，戴著墨鏡，走路有風，無比神氣；而這個小兵，則是在悶熱的艙底，反覆做著摺降落傘的工作，兩個人好像是完全不同的世界。

然而，小兵在摺降落傘時，只要有一點疏忽，某根拉繩擺錯方向，或是某個按鈕沒按緊，導致降落傘打不開，他的生命可能早就畫下句點了。想到這位摺降落傘的小兵，可能就是自己的救命恩人，卜朗姆少校心裡十分震撼。

在我們的人生中，其實存在著很多這樣的「摺降落傘的人」，他們默默為你摺好可以救命的「降落傘」，即使你並沒有意識到他們的存在。

在職場上，位高權重的老闆、總經理，如果對待坐櫃台的總機、大樓管理員，或是地位比較低的基層人員，跟對待地位比較高的貴賓或客戶，有著相同的尊重、客氣與耐心，一定會獲得更多的追隨和信任，因為他們就是摺你的降落傘的人。

用正向情緒面對工作

最後，我想再提《EQ》中的另一個故事，與你分享情緒的影響力。

該書作者高爾曼當過《紐約時報》的記者。有一天，發生好幾起重大刑案，他忙著跑新聞，因此有點心浮氣躁。然而，當他搭上一輛巴士後，心情突然轉變了。

原因在於那位司機，他在開公車途中有說有笑，相當樂在其中。遇到一位中年婦女上車，他就說：「這位女士的衣服好漂亮，能告訴我是在哪裡買的嗎？我想帶我太太去買。」經過博物館時，他會告訴大家，這裡最近有什麼新的展覽，歡迎大家去參觀。經過一家餐廳，司機興致又來了：「我跟我太太就是在這裡慶祝結婚二十五週年。」有小姐下車了，司機也不忘加上一句：「美麗的小姐，祝妳有美好的一天。」

高爾曼發現，下車時，不知不覺間，原本焦躁的心情一掃而空。不難想像，同車的其他乘客，聽著司機一路談笑風生，大家的嘴角一定也是不自覺地上揚。

巴士司機是一份辛苦的工作，有時候一開就是好幾個鐘頭，還可能面對糟糕的交通狀況。然而，這位司機以積極、愉快的心情來面對工作，不但工作變有趣，他的熱忱也感染了全車的乘客。

如果領導人能夠像這位司機一樣，用正向的情緒來面對工作中的各種處境，不但他自己受惠，整個團隊也會因此充滿了熱忱。屬於「將軍型」的領導人，特別要在這方面留意。

每當你生氣一分鐘，就等於失去了六十秒的快樂。

——美國思想家 拉爾夫・瓦爾多・愛默生（Ralph Waldo Emerson）

延伸思考

□常常隨身帶一張卡片，正反兩面。每當發了脾氣、罵了人，就在正面做一符號；每當控制了自己的態度，就在反面做一符號。經過一段時期後，正反兩面比較一下，看看卡片反面的符號有沒有愈來愈多。

□練習數顏色。下次當你發現自己快要發脾氣時，立刻數一下周圍有多少種顏色。例如：白色牆壁、灰色沙發、黃色窗簾、綠色盆栽……共五、六種。這時你就是在啟用主管邏輯的左腦，主管情緒的右腦就會較為平靜下來。

支柱5 創新是所有產業的不歸路

曾經有一位美國的百貨公司經理，特地去卡內基訓練上課，學習主持會議的方法。他在課堂上，學到兩個最重要的觀念：

第一，要延遲判斷，當別人發表意見時，不管有沒有價值，都不要在當下就潑對方冷水。第二，對於提出點子的人，你可能不同意對方的意見，但要能表示出感謝和讚美，同事們才願意貢獻更多好的點子。

後來，這位經理人在主持會議時，就實際應用這兩個觀念。某一次會議中，有位基層的清潔工發言，說每天百貨公司開門前，他都得把地板拖過一遍。但是，只要一按電燈的總開關，整個樓層的燈光就會同時打開。但事實上，打掃時候只要走道上的燈光亮著就可以，不需要整個樓層都亮燈。因此，清潔工建議，在燈光開關的設計上，是不是可以稍做調整。

這位百貨公司經理人聽進了清潔工的建議，結果發現省下不少電費。後來，這家百貨公司在全美四百多家分店都採取同樣的措施，一年省下的電費，就高達六十五萬美金。你看，一位基層清潔工所提出的意見，都能產生這麼大的助益，如果採購人員、銷售人員、陳列設計人員都能提供一個創意的點子，相信這家百貨公司一定能省下更多成本，創造更多利潤。

鼓勵員工自己提新點子

領導人鼓勵員工勇於提出創新的想法，還有一個好處，就是更能激發員工們落實的決心。

美國有一家山谷銀行，銀行負責人希望能吸引更多客戶將錢存進銀行中，便召開會議，主題是「如何在半年內，讓儲蓄金額增加三倍」。在會議上，眾人發言很踴躍，有人說，面對客人時，應該要再多面帶微笑；也有人說，要記得客人的名字。最後，主席決定，就按照大家所提的建議去做。

半年後，銀行的儲蓄金額果然直線上升。銀行的負責人感到有點納悶：大家所提出的建議，不正是他以前耳提面命過的原則嗎？為什麼以前做不到，現在卻可以落實呢？

人性很有趣，如果是別人交代我們做的事，即使知道會有很好的效果，我們做起來總是有點心不甘情不願；若是自己主動提出的事，就會抱著更大的熱忱去完成任務。笑容、記得客戶的姓名，現在是員工提出來的。人常常愛做自己參與提出的點子。

台積電歐亞業務資深副總何麗梅告訴我，她會發獎金鼓勵同仁找出那些長期以來一直在做，其實可以精簡不做的事情，在發想的過程中，員工就會主動思考，如何精簡工作的流程，結果效率提高了。

因此，不論是從創意面，還是執行面，領導人應該多多鼓勵員工提出創新的點子。不過，舉辦創新會議時，別忘了幾個基本原則：

一、多發問，激發眾人的想法。

二、用心聆聽：當我們面對一個用心聆聽的人，就會更不保留地貢獻自己的想法。員工也是一樣，當領導人用心聆聽，就會引發更多回饋的意願。

三、延後判斷：任何一個意見，也許乍聽之下很普通，但是不要急著否決，說不定深入討論後，就會發現這個意見很有價值。

四、感謝對方提出意見：當別人提出創新的意見時，如果我們能表示感謝，就會讓對方更樂意提供更多的點子。而主席自己的意見，則要等到最後提出。

硬體再好，也比不上服務好

有一家五星級連鎖飯店的執行長上任後，走訪各地第一線的員工，提出兩個問題。第一個問題是：「你認為，顧客為什麼願意花錢來住我們飯店？」然後他再問：「我們提供給客戶的服務，有哪些是他們在外面買不到的？」

這位執行長蒐集眾人的意見，所得到的結論，就是顧客只要花一半的費用，就可以在其他飯店享用相同的硬體設施，而顧客願意上門光顧的原因，其實是員工表現出來的服務態度。

美國曾經進行一項「行銷策略之獲利衝擊調查」，請消費者針對某家企業，回答是「好的服務提供者」或「糟糕的服務提供者」，調查結果再和市場上實際的表現相對照，獲得了幾個結論。

其中一個結論，是八三%的受訪者認為，服務品質是決定他們願不願光臨同一家店的重要關鍵。

《大趨勢》的作者約翰．奈思比，有一次訪問北歐航空公司總經理詹．卡爾森，請教他如何扭轉乾坤，把一家每年都賠錢的航空公司轉虧轉盈？

卡爾森的回答是：「我只做了一件事，就是改變工作人員的服務態度。」

他解釋，根據調查，一般旅客從櫃台登記到下飛機，對工作人員的注意力只有十五秒鐘，「我就帶著全體人員，在這有限的十五秒裡，面帶微笑，留給乘客最好的印象。」

服務業的創新，首先就是要改變員工的服務態度，如果員工面對顧客時，總是面無表情，一點笑容都沒有，或是無法展現任何服務熱忱，即使硬體設施再好，顧客也不會再次光顧。

員工親切的服務態度，主要是受到領導人親身的影響。我在 TED Talks 聽過一位演講者分享，他說有一次去某家飯店喝咖啡，發現服務人員始終面帶微笑，會主動與他談天，服務態度非常好。他除了給對方很高的小費，還忍不住問這位服務人員：「是主管要求你這麼做嗎？」

這位服務人員告訴他：「沒有，主管並沒有要求我，他只是時常這樣關心我們員工。」

領導人應該先改變自己

領導人是企業創新的「火車頭」，因此，改變員工之前，企業的主管也要先改變自己。一九八五年，李隆安踏入愛普生（EPSON），將近二十年的歷練，從工程師當上總經理，成為愛普生外地分公司任用本地籍總經理的第一人。能夠在事業上有這麼好的表現，和李隆安懂得如何激發員工的創新活力，很有關係。

一開始，李隆安也是土法煉鋼，對員工的要求很高，只要沒做好，他不是擺出撲克臉，就是發脾氣罵人，每個員工都挨罵過，結果就是部屬紛紛求去，整個團隊瀕臨瓦解。

後來，李隆安覺得這樣下去不行，於是自掏腰包參加卡內基訓練，短短幾天的課程，幾乎花掉他當時一個月的薪水。不過，對於李隆安來說，卻是一個很重要的轉捩點。

原來，在課程中，講師把他在台上演講的表現錄影下來，然後播放給他看，李隆安才發現，自己原來是個完全沒有笑容的人，當場受到很大的震撼。後來，李隆安就在鏡子旁邊貼上一個笑臉，刷牙時，就對著鏡子練習微笑。上班時，李隆安也常常練習笑口常開，並尊重每個人的意見，結果，每個員工都感受到他的改變，便樂於貢獻自己的想法。

創意，需要鼓舞。曾經到愛普生授課的卡內基講師就發現，李隆安創造出一種信任、開放的企業文化，尊重每個人的才華，也讓每個人暢所欲言，員工的點子就源源不絕地湧出。

為了讓員工更勇於創新，從二〇〇三年起，愛普生便啟動「公開創意市場」，鼓勵員工透過網路，提出有趣的點子；而且還有即時回饋的獎勵措施（比方說，累計積點、創意支持區、獎金）等，激發員工的創意提案興趣。每一季，愛普生還會召開「創意獵人大會」，對於創意提案進行追蹤管制。

創新，可以幫助企業能夠更上一層樓。像愛普生就曾經和故宮合作，用先進的列印技術，複製知名的畫作，像是王羲之的〈快雪時晴帖〉，還有宋徽宗〈臘梅山禽圖〉，而且可以選擇放大、縮小的尺寸，這項服務受到不少企業的歡迎。

台灣卡內基訓練，也有全球獨創

分享了幾個企業創新的例子後，我也想從不同階段，談談台灣卡內基訓練進行創新。

一開始，我引進台灣的課程只有一種，就是「溝通與人際關係班」，在卡內基訓練的各種課程中，這套課程最受學員歡迎，認為改變效果如同奇蹟一般。由於開課之前發生教材淹水事件，我不得不將原文教材中文化，轉換的過程中，我就必須發揮創意。

比方說，原版的教材中，暖身活動會搭配一首英國兒歌〈The Grand Old Duke of York〉，但是台灣學員對這首歌不熟悉，所以我就改成「從前有位大軍長，十萬大軍個個壯……」這算是本土化的創新。

「溝通與人際關係班」在台灣大受歡迎，但是我認為，只有一種課程還不夠，就開始引進卡內基其他的核心課程。每引進一個新的課程，我就重新回去當學員、學長，陸續把「經理人領導班」、「卡內基銷售班」、「震撼力簡報班」等都引進台灣。

因為課程種類增加，我們忙得不可開交，只要把這些班開好開滿，業績就會很不錯；然而，我心中仍然感到不滿足，這跟一位外籍講師說過的話有關。他說，全世界卡內基訓練的內容基本上都一樣，但是會因應各地區不同文化差異化、客製化。他舉可樂為例，像亞洲地區的口味就會比較偏甜。

聽了這位外籍講師的話，我就開始思考，該如何為台灣市場量身打造課程。因為有家長跟我反映，希望我們能為孩子辦卡內基訓練。因此，一九九〇年，我們開設了「青少年班」，這就是全球為中學生首創的卡內基課程。

一個創新的行動有時會帶來深遠的影響力，這四十位當年的青少年，自信與人際溝通能力提升了。如今他們已經開始安排他們的孩子來上卡內基訓練了。

最初我們跟美國總部提出申請時，因為沒有先例，總部拒絕了我們。但是我不氣餒，再度提出申請，後來總部就同意我們可以試辦。

為了試水溫，「台灣卡內基青少年班」第一年先開一個班，第二年開了三個班，後來愈來愈多，全台灣各地區都有開課。辦了幾年後，我們又根據年齡進行更精細的區分，小學高年級到國一叫做「青少年先修班」，國二到高三叫做「青少年班」，再往上則是「大學班」。目前青少年市場的業績占了我們整個業務的三分之一。

我們在青少年這一塊市場做得很好，其他國家也想跟進，請我過去傳授經驗，還有巴西的講師親自來台灣取經，不過成績都不如台灣，只有冰島做得比較成功，政府還補助經費。因為他們經由調查發現，當地受過卡內基訓練的青少年在吸毒率、酗酒率，都比沒有受過訓練的要來得低。

我們為什麼可以做得這麼成功，有兩個比較主要的原因：一是我們的成人班本來就很成功，很多人上完課後，有「脫胎換骨」的感覺，就會推薦自己的孩子來上課。像我們高雄有位學員林楷頤，他是一家螺絲工廠的第二代，原本不擅溝通表達，接受卡內基訓練後，整個人都變了，後來他也送女兒來上卡內基。

另一個原因，則是東西方的親子關係不太一樣，西方的青少年如果想上卡內基訓練，可能得自己打工賺錢來付學費；至於台灣和中國大陸的父母就樂於幫孩子出這筆學費，特別是那些比較內向、缺乏自信的小孩，父母更是大力支持他們來上課。

卡內基訓練不同課程會有互相帶動的效果，有學員上了成人班，覺得效果不錯，就幫小孩報名青少年班，也有年輕學員上了大學班，回去跟父親推薦，而這位父親正好是知名建設公司的董事長，後來就找我們幫忙開企業內訓。

創新，才能基業常青

除了青少年這一塊，台灣卡內基還有一個首創的課程，就是為企業高階領導開設的「卓越總經理班」。

壞的公司將被危機摧毀，好的公司將在危機中生存下來，優秀的公司則會因為危機更加進步。

——英特爾公司共同創辦人 安迪・葛洛夫（Andrew Stephen Grove）

當初會想辦這個班，主要是考慮到台灣有很多中小企業負責人，往往是從基層做起，「黑」手起家，當上老闆後，他們需要學習如何溝通、領導，這樣的課程就可以提供他們幫助。另外，有些企業第二代在接班過程中，跟父親或是公司老臣會有衝突，上過我們的總經理班後，狀況也會有所改善。

二〇一八年，我們又有創新的課程，就是「慢養父母班」。我們觀察到，現在很多父母仍有「望子成龍」的心態，對孩子的課業表現，給了太大的壓力，甚至造成孩子有「厭讀症」，親子關係也會變得緊張，所以規劃了這套課程。

我們先在中國大陸投石問路，在上海、深圳、青島、杭州等幾個城市都有開班，然後在台北也開班。由於慢養父母班才剛起步，在推廣上還有成長的空間，我們會繼續跟家長們溝通，希望能獲得更大的迴響。

創新是一條無止境的路，像我即使八十歲了，還是一直在發想新點子，企圖開發新的機會。因為唯有不斷創新，企業才能持續向前走，邁向基業常青之路。

延伸思考

- □每半年在公司裡舉行一次「創新會議」。
- □創新會議的主題是：怎麼樣才能改進我們的產品，或改善我們的服務，或改良我們的銷售流程等……
- □開會時，不能批判別人的點子，無論多麼天方夜譚，也不許嘲笑。
- □主席的意見要最後一個提出。

支柱 6——授權、輔導，做同事的貴人

一九一二年，戴爾．卡內基在YMCA的教室裡，開始了第一堂教導商業人士演講的課程。在課堂中，他發現教演講的關鍵，不是傳授技巧，而是讓大家願意開口說自己的故事。由於課程大受好評，光靠著教學演講，他就可以過著相當不錯的生活。

一九三六年，卡內基把學員在課堂中發表過的故事、範例、事件，整理成三十條與人溝通和相處的「金科玉律」，出版《卡內基溝通與人際關係》一書，大受歡迎，各種訪問邀約不斷，占去他很多教學的時間。於是，卡內基打破了一人獨挑大樑的模式，開始培養其他的講師，並開放加盟模式，因此卡內基訓練才能在各地開花結果，成為全球知名的訓練機構。

為什麼做不到授權？

讓我們假設一下，如果當時卡內基先生不願意授權，堅持自己一個人教，會出現什麼結果呢？有兩個例子可以參考。

在亞洲地區，最早推行卡內基訓練的地方是日本。當初我要把卡內基引進台灣時，曾經到日本觀摩，當時日本卡內基的負責人不願意培養業務人員，擔心一旦對方羽翼豐了，會成為競爭者。

這位負責人其實很厲害，光靠他自己，一年可以收到上千名學員；如果他能夠打破心防，栽培更多優秀同事，一定可以讓更多人從卡內基訓練中獲得幫助。可惜沒有，他一直是單獨一人孤軍作戰。

另一個例子，則是早期的新加坡卡內基訓練負責人，他不但一個人講課，還要身兼業務員，而且自己還有一家賣樂器的公司。由於人的體力負荷畢竟有限，五十年下來，每年受訓人數不過兩百人。

我把卡內基訓練引進台灣後，如果也靠自己一個人教，不培育講師，不設立分公司，不聘請業務人員，不管我做得再怎麼賣力，也不可能有今天的成果（迄二〇一九年止約四十萬人受過訓）。

你看，授權是這麼重要。然而，許多企業界的領導人還是不太願意授權，喜歡事必躬親，什麼事都攬在自己身上，結果忙到心力交瘁，員工苦無表現，事業的規模也不容易做大。

領導人做不到授權，可能有兩個原因：

一、對於授權缺乏信心。很多領導人有種錯覺，認為凡事只有親自上場，任務才能順利達成，更深層的心理因素是，他們不相信透過授權的方式，可以把事情做得更好。

二、平時沒有培訓人才。授權並不是把事情分派出去而已，你平時必須培訓人才，當你授權時，他們才有能力肩負大任。

在英文中，談到授權，經常會出現兩個字眼，「delegation」和「empowerment」，兩者都可以用於領導工作上，意思卻稍有不同。delegation 指的是，領導人從部屬之中找到一名「代表」，指派對方去完成某個任務；至於後者，不只是指派任務，也會下放相當的權力給這位「代表」去完成任務。

多年前，國軍購買 F16戰機時，曾編列預算要辦理訓練課程，由一位博士預備軍官負責招標事宜。這位軍官對卡內基訓練很有信心，但是為了公平起見，他找了兩個單位，除了卡內基訓練，還有另外一個訓練機構，之後由近三十位的審查委員親自上課評鑑。因此，當年有不少 F16 維修人員都上過溝通訓練。

這是個大案子，卻交給一位尉級軍官來主導，相信上級主管一定充分做到了 empowerment，交付相當的權力，讓這位軍官可以有效率地完成任務。

在我認識的企業家中，最懂得授權的典範，應該非宏碁創辦人施振榮先生莫屬。我記得他說過，他很享受「大權旁落」，不但給副總的待遇和權力都很高，有時候一個幾千萬元的採購案，如果必須從下而上層層蓋章，才能執行，進度一定會緩慢如牛步。但是施振榮先生的做法，就是交由一個基層的經理全權負責，這也代表他對於授權非常有信心，而且相信人性本善。

授權是領導人重要的功課，但是，授權的原因不是因為自己太忙，或是把不喜歡的工作交給別人分擔，授權的目的是為了培育人才。因此，授權後，領導人所多出來的時間，可好好用在更重大的事情上，好比說與同事溝通，培訓重要幹部，做三年長期計畫，建立企業文化等。以前領導人常沒時間做這些重要的事，現在例行的事或可授權部屬去做後，就可以做了。

讓我們想像一個場面：當公司的總經理授權某位部屬招聘人才的任務，這位部屬回家後，跟太太提到這件事時，不是抱怨運氣不好，接到了燙手山芋，而是興奮地認為自己一定是獲得老闆賞識，可以好好為公司做出更多的貢獻，這就代表了這是個成功的授權。

打開員工的「改變之門」

領導人一開始在授權時，可能會遇到幾個挑戰。首先，被授權的員工對自己的決定缺乏信心，頻頻回來詢問該怎麼做，如果領導人又開始下指導棋，就會失去授權的意義。最好的應對之道，就是先請對方提出他認為的可行之道，如果實在不可行，這時候領導人再提出建議。

另一個挑戰則是，領導人在授權後，又擔心員工會犯錯，又拿回來自己做。事實上，人從錯誤中最容易學到教訓，成長的速度也會更快。

多年前，我在宏碁電腦任職時，創辦人之一的黃少華曾經告訴我：「我們公司太年輕了，如果每件事都按正常步驟學習，進步的速度太慢。因此我們鼓勵員工犯錯，但是相同的錯誤不能犯第二次，而且必須從錯誤中學習。」

然而，並非所有人都能夠從錯誤中學習。《與成功有約》一書中，曾引用了美國作家瑪莉琳．佛格森的金句：「誰也無法說服他人改變。我們每個人都守著一扇只能從內開啟的改變之門，不論動之以情，或說之以理，我們都不能替別人開門。」

要讓員工承認錯誤，進而改正錯誤，並不是件容易的事。領導人該怎麼做，才能讓員工主動打開改變之門呢？

英文中，有個字眼「coaching」，放在運動中，就是「教練」。如果從領導人的能力來詮釋，就是輔導對方改正錯誤，進而有所成長。

舉例來說，當你得知某一員工跟重要的大客戶大吵一架，客戶甚至撂下重話：「再也不跟你們公司合作了。」這時候，你該如何處理這種狀況？

很多老闆處理的方式是，把這名員工叫進來，臭罵一頓。可想而知，對方一定是抱著防衛之心來到你的辦公室，不管你再怎麼疾言厲色，他內心的「改變之門」仍然是緊緊地扣上。

如果是採用「coaching」的方式，一開始要降低彼此的緊張氣氛，你可以先稱讚這位同事之前某個好的表現、問候他的家人，或是找一個雙方共同的興趣做為話題，建立和諧對話的基礎。

接下來，為了展示同理心，你可以說：「如果我是你，我應該也會很生氣……」如此一來，對方就會覺得你跟他站在同一邊，而非對立面。

再下一步，就可以用提問的方式，慢慢引導對方說出自己錯在哪裡。當一個人願意承認自己犯錯，通常代表他已鬆動心防，願意改正並彌補過錯。此時，領導人再適度伸出援手，幫助他解決這次跟客戶的衝突，讓事件可以圓滿落幕。

還有一點很重要，就是當領導人指正員工錯誤時，如果對方認為自己已經被放棄了，可能從此自暴自棄，因此，最後一定要特別強調，你仍然很重視對方，對他很有信心。

和平地請不適任的員工離開

當領導人釋出誠意，要輔導員工改正錯誤，卻遭到抗拒，執迷不悟，甚至到達不適任的地步，領導人就應該要請對方離開或調職。

打個比方來說，在一座花園裡栽種著各式各樣的植物，園丁的工作就是要勤於澆水、施肥、除蟲，盡力讓每株植物都處於最好的狀態。然而，當其中一株植物已經病入膏肓、無藥可救，園丁就必須將這株植物摘除，否則整個花園可能都會遭到感染。

對於有些領導人來說，開口宣布壞消息，不是件容易的事。不過，根據哈佛大學的調查，許多遭解雇的人，平均離職兩年後，都承認自己應該離開，被解聘是因禍得福。因此，如果我們把「傷感情」放在一邊，請一位不適任的員工離開，對於企業或員工，其實都是好事。

我在美國休斯公司擔任台北辦公室的負責人時，曾經聘請一位祕書，她聰明，英文好，台大畢業，做這份工作其實有點大材小用，但是因為薪水還不錯，寧可先待著。

後來我調到美國，接任的總經理想安插自己的人，他就藉故將祕書解雇了。一開始，祕書難免傷心、難過。不過，靠著她的條件，沒多久就進入了一家貿易公司，找到了可以發揮長才的舞台，愈做愈好，最後當上總經理。

如果她一直做原來的祕書工作，雖然事少錢多，其實也是在浪費時間和才能，因為遭到解雇，反而逼她不得不尋找另一個機會，有時候，危機就是轉型的契機。

前奇異電子CEO傑克．威爾許曾說，主管要面對的諸多挑戰中，請不適任的人離開，困難度最高。因此，很多主管就會用刁難、羞辱的方式，希望員工知難而退，或是直接寫一封電子郵件要對方走，這都是錯誤的方式。如果主管能讓員工知道，離開這個不適任的位子，對他會有什麼好處，就比較可能有好聚好散的結果。

我曾經解雇過一名同事，先把她請進我的辦公室，讓她說說自己的優點。她說自己不怕生，很勇於在眾人面前說話，而且自認學習能力很強。

然後我再問她：「那麼，妳認為自己有哪些缺點？」她坦承，自己的執行力不夠理想，每當有人對卡內基訓練表示興趣，她通了電話、寄出資料，卻沒有耐心追蹤後續的發展，因此業績一直不理想。

我問她：「妳覺得自己適合這份工作嗎？」講到關鍵處，她還是掉了眼淚。我除了承諾會給她應有的遣散費和獎金，也要她情緒穩定之後，再離開我的辦公室。

由於我是以懇談的方式處理解雇，這位員工離職後還跟我保持聯絡。

抱持學習、成長的心態

微軟創辦人比爾．蓋茲說過：「如果離開學校後不再持續學習，這個人一定會被淘汰，因為未來的新東西，他全都不會。」

管理學大師彼得．杜拉克也說：「二十一世紀與上一個世紀最大的不同是，以前工作的開始是學習的結束；二十一世紀則是工作的開始，才是學習的開始。」

然而，並不是所有的領導人都能體認到學習、成長的重要性。已故的現代領導學大師華倫．班尼斯教授，他曾任四任美國總統的領導力顧問，也有很多家《財星》五百大企業請他擔任顧問。

班尼斯教授曾發現，很多領導人到了四十幾歲以後，就停止學習，不再進步，這是一件多麼值得警惕的事。

不過，也有領導人終生熱愛學習，當過英國首相的溫士頓．邱吉爾，在六十五歲時，還悟出一個改進人際關係的方法。

領導人願不願意持續學習、成長，跟心態有關。在《心態致勝》一書中，史丹佛大學心理學教授卡蘿．杜維克，將人們的心態分為兩大類型。

第一種稱為固定心態（fixed mindset），認為聰明才智天注定，永遠無法改變；第二種則是成長心態（growth mindset），認為天賦只是起點，智慧和能力都可以透過學習來獲得。

固定心態的領導人，不相信人是可以改變的，員工較容易擔心失敗，不願意創新，因此團隊很難有所成長；相反地，具備成長心態的領導人，擁有正面的想法，認為公司員工有創新、合作精神，能看到員工的學習和成長，團隊的氣氛也會比較和諧。

微軟公司近幾年就是憑藉這種策略，培訓同仁建立成長型心態，才漸漸從低谷中走出來的。

台積電歐亞業務資深副總何麗梅，就是一位具備成長心態的領導人，她不但上過卡內基訓練好幾種課程，甚至還當過兩次志工學長。正是因為她熱愛學習，也鼓勵員工成長，因而成為台灣科技業少見的多領域高層領導人。

我擔任領導人以來，當我在學習、成長時，就是我最樂在其中的時光。你們都知道我的求學過程很不順利，但後來靠丁神父幫助，我到美國羅耀拉大學讀完了研究所。當時我已經四十二歲了。後來，我陸續又參加了哈佛大學、史丹佛大學企管方面的講習課程，在卡內基的教學工作中，更是無時不在「成長」。

有些人的學習、成長，是透過看書，有些人則是去上課、受訓。而我除了維持每天看兩份報，每週看三本雜誌的習慣，還有一個重要的學習管道，就是利用運動、通勤的零碎時間，聽 TED Talks 的演講。我可以挑自己感興趣的主題，像是領導、教育、心理學等，在短短十幾分鐘內，就能吸收到這些專家學者的思想菁華。

我聽過一個說法，進一次教堂，不會讓你變成聖人，但是可以讓你比上個星期變得更好一點。學習也是相同的道理，效果或許不是立竿見影，但是你一定會有所成長、進步。

國外有位手機大廠的負責人說過：「What you know is far less important than what you are learning.」（意即：你所擁有的知識，遠不如你正在學習的知識重要。）這句話對我的影響很大，世界變化太快，你所擁有的所有知識都正在落伍中，不學習就會無法面對接踵而來的挑戰。

因此，不論你是大企業的總經理，還是中小企業的老闆，不論你來自科技業、服務業，或是傳統產業，只要你是領導人，除了專業知識之外，領導技能也要持續精進，特別是聆聽的能力，以及讓員工獲得「心理安全感」的能力，才能在急速變動的時代中，繼續做好領導的工作。

領導，是因為你的存在，得以讓別人變得更好，而即使你缺席了，影響力仍然會持續下去。

——臉書營運長　雪柔．桑德柏格（Sheryl Sandberg）

延伸思考

□想一位你很想幫他忙，但一直拖延，沒有去做的對象，可以是家人，也可以是同事、朋友，然後安排一次誠懇的談話，大約需要二十分鐘。事前先準備一下，想想他的優點，他做哪些值得讚賞的事，會談就以這些讚美開始。

□想一些新奇的、保持進步的方式，例如：一面走路一面聽名人演講，或有聲書，一面運動一面看電視上知識性的節目等。

□如果你是一位領導人，想想幾位可能的接班人，然後挑幾項你正在做而且相當重要，但又是他們具潛力嘗試的工作，交給他們去做，並且輔導之。記得，一開始你一定會覺得還不如自己做算了，授權真麻煩。

第三部

領導力實戰錄

領導人只有夥伴、同事、同仁，沒有部下。

01

樂在溝通，才能贏得信任與合作

中鋼董事長 翁朝棟

我建議年輕人，應該要積極走出舒適圈，爭取外派的機會。在陌生環境中，從無到有，開疆闢地，就是鍛鍊領導力最好的機會。

（照片／翁朝棟提供）

我自從一九八〇年進入中鋼，從基層做起，一路當到行政副總經理，當年曾是中鋼最年輕的副總。二〇〇九年，公司為了歷練我，先是將我調到子公司中聯資擔任董事長，兩年後，又派往越南，負責中鋼住金越南公司的建廠事宜。這是我職涯中第一個重大的轉捩點。

在我去越南之前，公司因為卡在徵地問題，當地工程一再延宕，已經超過二十個月。於是，我抵達越南後，先去拜訪味丹集團董事長楊坤祥、富美鑫集團總裁丁廣欽等兩位台商前輩，請教他們寶貴的經驗。他們不約而同告訴我，想在越南打天下，就得長期跟當地人搏感情，取得信任後，他們才會幫助你。

重用在地人，還要尊重與溝通

為了展現決心，我從胡志明市搬到設廠據點頭頓省，搭建臨時工地辦公室，駐廠辦公，就是為了向越南政府證明，中鋼來這裡建廠，不是來炒地皮，只要廠蓋好了，就會帶動經濟起飛，促進汽車與家電產業的發展。

越南人善於察言觀色，跟你一起吃飯、喝酒，都會默默在觀察，看你酒後的真性情。如果你一喝醉就原形畢露，自覺得高高在上，鄙視當地人，亂批評越南，他們就不認為你值得信任。

為了測試外國人的真心，越南人還有一招，就是一個酒杯大家共飲，杯口沾滿每個人的口水，但是你硬著頭皮也得喝下，否則他們就覺得你看不起他們，認為他們不衛生。遇到這種狀況，我的方式就是快速一口飲盡，但是盡量嘴不碰杯口，減少接觸到別人口水的機會。

經過九個月跟越南官員的「搏暖」（台語：交際應酬）、交心，我們終於爭取到了當地政府的支持，順利開工。

越南過去遭受到戰爭的磨難，民眾不容易相信外國人，我們要爭取他們的認同，就要花更多心力交心。

不少外國企業來越南設廠，採取軍事化管理，對員工很不尊重，而且幹部一律用自己人或用陸幹，造成越南員工的反彈。二〇一四年五月，越南發生反中排華暴動，這些企業就受到重創。

相較之下，我們一開始就決定用人在地化，並且採取尊重與溝通的管理模式。除了一級幹部是外籍人士，二、三級幹部就找當地員工來擔任。員工願意跟你一起工作，不只是因為薪水，他也要看到明天的希望，你願意栽培，給晉升機會，他們才會跟你同一條心。事實上，當地員工也很爭氣，後來我們就有越南籍的副廠長。很慶幸的是，這種企業文化幫助我們平安的度過了排華危機。

因為工廠是跟新日鐵住金（已改名為日本製鐵）合作，所以也有日籍員工，在帶領跨國團隊時，一定要理解、尊重不同的族群，並讓每個人都能發揮所長。像我就會播放棒球電影《KANO》給同仁看，期許大家也能「三族共和」，打出一場勝利的比賽。

我大學念的是經濟，進中鋼做的是行政，當初派我去越南設廠，我的第一個反應是「Why me？」後來念頭一轉：「Why not me？」就抱著捨我其誰的決心，接下這個挑戰。在越南「蹲點」五年，行政出身的我，從生產製造到銷售管理，統統都摸熟了，也可以說，如果沒有這段越南經驗，就沒有今天的我。

以我的親身經驗為例，我建議年輕人，應該要積極走出舒適圈，爭取外派的機會。在陌生環境中，從無到有，開疆闢土，就是鍛鍊領導力最好的機會。

尋找接班人，提升未來競爭力

二〇一六年，我從總經理的職務晉升為中鋼董事長。作為領導人，我念茲在茲的事，就是如何提升中鋼下一個五十年的競爭力。

首先是人才的培育。中鋼因為離職率低，工作環境好，曾經有十年沒有招聘新人，近年來因為退休潮出現，人力缺口逐漸浮現，我們現在不缺位子，但是缺足夠歷練的領導人才。

我也要求各部門主管提出每個一、二、三級單位前三名的接班人，每半年檢視一次，希望達到無私薦才、績效導正的目標；另外，我也會發掘優秀的人才，外派到越南、東協、印度等開發中國家，利用一到兩年，讓他們在國外快速練兵，誰能撐到最後有所成就，就有機會獲得升遷。

另外，我也積極促進中鋼轉型，朝高值化精緻鋼廠發展，開發出高功能、高技術含量、高附加價值的高級鋼品。由於中鋼有很多優秀的人才，還可以組成產業服務團，為有需求的客戶提供「Total Solution」（整體解決方案），從原本的製造業，轉型走向製造服務業。

我以身為中鋼人為榮，創辦人趙耀東先生是我非常崇敬的領導人，他重視品德、紀律，對我有很深的影響；至於他說過：「兼聽則明，偏聽則暗。」我也經常提醒自己，要能夠多聽不同的意見。

至於台積電創辦人張忠謀先生，他的願景、國際觀，則是我異業學習的典範。我常跟同仁勉勵，中鋼要以成為「鋼鐵業的台積電」為目標。

溝通力，就是最好的領導力

溝通是領導工作很重要的一環，之前在越南建廠時，我每週要跟台日籍幹部、越南員工開座談會溝通，讓他們了解我們發展的目標；現在當董事長，不論是面對政府官員、客戶、員工與地方時都要溝通，接受媒體採訪、在各種場合公開致詞，也都是一種溝通。

我血型是A型，家人都知道，我天性內向，並不擅於溝通表達。我在擔任人力資源處處長時，曾邀請黑幼龍老師來中鋼進行內部人際溝通訓練。上卡內基訓練，就會逼你一定要上台講話，透過這樣的訓練，除了幫助我變得更能敞開心胸，更樂於分享，還有一點，就是更懂得溝通表達。

從一九九〇年代開始，中鋼的主管及幹部都要參加卡內基訓練，二十多年來從未間斷。我相信中鋼的企業文化中，尊重與溝通的成分，一定與卡內基訓練有關。中鋼精神要想延續下去，專業人士的領導訓練一定不可缺少。

光是上台發言，就有很多技巧，像是不要念稿，內容不必長，但是要有亮點。我前陣子受邀到婚禮上致詞，就對新人這麼說：「人生像一本書，封面是父母給的，內容厚度是自己來決定，但是，精采度必須你和太太共同來創造。」這段致詞的前幾句，是我從別處看來的，多加一句畫龍點睛，雖然只是三言兩語，現場觀眾就印象深刻。

從原本的不善言辭，到可以上台侃侃而談，提升溝通能力，不僅讓我可以贏得信任與合作，更稱職扮演好領導人的角色，帶領中鋼繼續向前走。

時間過得真快，進入中鋼轉眼已四十年。我一直以身為中鋼人為榮，希望將來所有的中鋼人都能有這種榮譽感，中鋼也將以我們為榮。

02 建立願景，是領導人首要之務

台積電歐亞業務資深副總 何麗梅

建立願景，激發熱忱，充分授權，打造一個環境，引導同仁們去探索工作的價值。

（照片／何麗梅提供）

人的一生真的很奇妙。像擔任領導人，像此刻要分享領導工作的感想，對我而言都是人生中難忘的經驗。

我從政大會計系畢業後，第一份工作是在台灣外商氰胺公司擔任成本會計工作近七年，又經歷了台灣慧智、台灣通貝、德碁半導體等公司……直到一九九九年加入台積電擔任會計處處長；二〇〇三年，獲得張忠謀董事長拔擢為副總經理暨財務長，兼任公司發言人，是我職涯上一個重要的轉捩點。

專業只是入門磚，領導力才關鍵

當初張董事長要我接下這份新工作時，我還記得提了好幾個理由推辭，像是沒有在國外留過學、對資本市場不熟、發言人一職必須跟政府官員打交道，這些都不是我所擅長等。聽完我的理由，張董事長只是靜靜地抽著菸斗，然後不以為意地對我說：「妳有妳的長處，我又沒有叫妳當別人，我只是要妳做自己。」

既然長官這麼信任我，即使是原本不熟悉的發言人領域，我也是戰戰兢兢，全力以赴，一做就是十六年。二〇一八年，原本打算退休的我，又被要求接任歐亞業務資深副總經理職務，迎來職涯上另一個新的挑戰。

從財務轉戰業務，是完全不同的領域，一開始我有點擔心，因為自己不是技術出身，很難跟客戶談技術。但是總裁魏哲家卻認為，因為我對客戶有同理心，相信我可以服務好客戶。

兩次職涯上的突破，都跟領導人的信任有關。因為他們信任我，讓我沒有打退堂鼓的藉口，必須提升自己，對公司創造更大的貢獻。

領導力是職場上成功的關鍵，不論你從事哪一行，專業能力只是一開始的入門磚，但是想要更上一層樓，就必須領導團隊，這時候就是個人領導力的考驗。

我認為，領導人的首要之務，就是建立「願景」。

很多人都聽過「三個磚匠」的故事：有人問三名正在砌磚的磚匠：「你在

做什麼？」有人說：「不就是砌磚嗎？」也有人說：「這是我賺錢的工作。」還有人說：「我在蓋一座教堂，可以跟天主溝通。」三個答案迥異，因為他們心中的願景不同，看待工作的價值也不盡相同。

我領導團隊是採取比較民主開放的作風，不會告訴同仁該做什麼，而是建立願景，激發熱忱，充分授權，打造一個環境，引導同仁們去探索工作的價值。對我來說，不論做什麼事，都必須要有樂趣，工作也是如此。當你對工作有願景，工作變得有價值、有意義，不再是一成不變的例行公事，你會想方設法，把工作做得更好，這就會帶來樂趣。

像我們從事財務工作，如果每天只是陷入報表、數字之中，會看不到這些報表、數字背後的意義，會很無趣。因此我提出「not to do」方案，透過獎勵制度，鼓勵同仁找出那些長期以來一直在做，其實可以精簡不做的事情，這樣不僅提高了工作效率，同仁也更能體會工作的價值。

從財務到業務，培養職場軟實力

現在我擔任業務部門的主管，我要建立的願景，就是提升客戶的滿意度。過去台積電對客戶比較強勢，現在要轉型為客戶導向，所以團隊必須了解，我們的任務就是要解決客戶的問題，從各方面提供最好的服務。

我的個性比較外向、開放，從事領導工作時，是比較占優勢。不過，我也很積極學習，特別是各種職場軟實力。

多年前，我就參加過卡內基訓練為期十四週的「人際溝通班」、「經理人領導班」、「高震撼力簡報技巧班」等好幾種卡內基課程，還當過兩次志工學長。卡內基訓練對我的幫助很大，因此後來我也送兩個孩子去上「卡內基青少年班」。

卡內基的金科玉律，看似簡單的法則，其實非常實用。舉例來說，像「衷心讓他人覺得他很重要」，不論是在夫妻、親子，甚至是婆媳之間，都能夠發揮效果。

像我婆婆年事已高，漸漸覺得自己變得沒用，這時候，我就運用這條法則，請廚藝很好的婆婆指導晚輩做菜，讓她感覺自己還是很有價值，我們婆媳的相處也更加融洽。

在工作上，這條法則也可以派上用場。我交付同仁工作後，通常不會緊盯進度，如果有人頻繁回報，可能有兩種原因：一是同仁對自己沒信心，需要主管確認工作方向是否正確，我就提供協助；另一種狀況，則是同仁需要被肯定，希望主管看到他的努力，這時候我就會用肯定的方式，讓同仁感覺自己有價值。

另外，主管不是去做員工的工作，而是要成為後盾，發生問題時，主管出面解決；有好消息時，讓第一線同仁報喜，如此一來，就能贏得同仁們由衷的合作。

職涯中，我遇過許多位領導人，都有自己的風格，讓我印象最深刻的，就是張忠謀先生和施振榮先生。

張忠謀先生是我心目中領導人的典範，除了建立願景，也願意溝通，特別是聆聽員工的想法，而且他很無私，絕對是把公司的利益放在個人之上，即使對員工的要求很嚴格，還是深獲同仁的信任與追隨。

施振榮先生也很重視願景，但是作風比較親和。舉個例子來說，當年我在德碁任職時，有一次工作上有急事，他晚上十點左右來電時，我不在家，是婆婆接到電話，施先生的反應不是請我回電，而是說會再打過來，態度相當客氣。另外，他也會事先詢問週末假日可以來電的時間，避免打擾到員工的私人時間與生活。

這兩位領導人雖然作風迴異，但是他們的共同之處，就是都很無私，這是領導人最重要的品格。

領導人不需要凡事完美，只要能夠建立願景，設定挑戰的目標，而且言行合一，贏得團隊的信任，就是稱職的領導人。

我覺得對自己的領導工作還有一種使命感，因為《聖經》上有一段故事，大意是說，一個人得到的恩典愈多，要做的、被要求的也愈多。我深信自己獲得了很多恩典，因而也要全心、全力的去付出，去影響他人。

我是虔誠的天主教徒，受到信仰的影響，我期許自己可以為他人的人生帶來貢獻。因此，在擔任領導工作時，我也定位自己是個貢獻自己、幫助他人的角色。幫助別人，能夠帶來正向循環，好事接連而至，團隊也就會愈來愈好。

03

領導人要學習成長，也要帶領團隊學習成長

華語流行音樂天王　王力宏

在一場比賽中，助攻者的功勞其實不亞於投球者，而商業世界中的「球」，就是資訊，因此我樂意當一個傳球給員工的執行長。

（照片／王力宏提供）

一九九五年，我出版了首張專輯《情敵貝多芬》，正式踏入歌壇，如今已經二十五年。

早年唱片公司的勢力很大，當歌手比較單純，一切聽公司安排就好了。然而，隨著唱片公司式微，歌手也必須開始自立自強，因此我後來就成立了「宏聲音樂」，是公司的執行長，也是目前唯一的藝人。

娛樂圈競爭激烈，你能做的事愈多，就愈有機會生存下來。我個人除了唱歌，也能編曲、混音，但是我也想拍MV、拍電影，朝更加多元發展，我就需要有團隊幫助我。目前，「宏聲」團隊包括北京在內，大約有十六個人。

透過閱讀，向東西方企業家學習

為了做好領導的工作，我看了不少談領導力的經典作品，像是約翰．麥克斯韋（John Maxwell）的《領導力二十一法則》和《領袖二十一特質》、詹姆．柯林斯（James C. Collins）的《從A到A⁺》，以及美國傳奇籃球教練約翰．

伍登（John Wooden）的著作，都給了我不少啟發。

不論是麥克斯韋談「犧牲」，認為領導人必須有所捨（give up），才能夠有所成（go up）；或是伍登對於成功的定義：「知道自己已經拚盡全力，試著達到最好的成果，會得到自我的滿足，最終會獲得心靈上的平靜。」這些話都相當發人深省。

像伍登還將多年訓練冠軍隊伍的心法，濃縮成「成功金字塔」，列出了「勤奮」、「友誼」、「合作」、「熱情」等要素，我特地設為手機的待機畫面，時時提醒自己。

除了閱讀，我也觀察、研究當今知名企業家的領導風格，包括比爾・蓋茲、馬克・祖克柏、傑夫・貝佐斯等，每個人的作風都不盡相同，從企業的表現來看，他們的領導應該都做得很成功。

至於東方的企業家，讓我印象最深刻的是阿里巴巴集團創辦人馬雲，他在領導統御上，有很多獨特的創舉。比方說，為了彰顯誠實的重要性，他會把會議拉到寺廟裡去開；或是員工進公司後，要以一個歷史名人的名字作為暱稱，彼此稱呼，整個團隊彷彿充滿了英雄豪傑，特別有氣勢。記得有一次，馬雲要裁掉一千名員工，但是他不說裁員，而是說「向社會輸出一千名人才」，他在領導上的創意，相當讓人折服。

每個團隊都不盡相同，即使這些企業領導人都做得很成功，也不能將其做法照單全收，而是要萃取各家思想的精華，找出適合自己領導團隊的方式。

如果要我形容自己的領導風格，我應該是屬於親力親為（Hands-on）的領導人，對於執行細節的參與度很高；另一方面，我又很重視資訊的透明度，有些領導人會對資訊留一手，方便掌控全局，但我都會給員工最完整的資訊。伍登曾經說過，在一場比賽中，助攻者的功勞其實不亞於投球者，而商業世界中的「球」，就是資訊，因此我樂意當一個傳球給員工的執行長。

另外，領導人不但要自己學習成長，也要帶領著團隊的每一個成員學習成長。我思考著，如何幫助同仁們提升價值？於是我安排了團隊一起上卡內基訓練。

邊玩邊學，員工旅遊更有意義

每年七月，在美國愛達荷州太陽谷舉辦的「太陽谷峰會」（Sun Valley Conference），聚集了政治、經濟、科技各領域有影響力的人物。我也很榮幸連續幾年都受邀參加這場會議，一睹這些全球菁英人士的風範。

其中，大家所熟知的「股神」華倫．巴菲特也在受邀之列。根據他朋友告訴我，現在人前可以侃侃而談的巴菲特，以前並非如此。學生時代的巴菲特是個書呆子，連上台自我介紹都會發抖，直到上了卡內基訓練，整個人不但脫胎換骨，還因為上課的緣故，認識了太太，可以說卡內基訓練改變了他的一生。

因緣際會，巴菲特送了我一本卡內基先生的著作《卡內基溝通與人際關係》（*How to Win Friends and Influence People*），我非常喜歡，反覆拜讀之餘，也希望能夠將書中各項法則，具體運用。二〇一九年三月，我們公司的員工旅遊，舉辦地點在杜拜，我便邀請黑幼龍老師同行，幫我們安排一次約五天的短期訓練，讓同仁這一趟除了玩樂，也能夠有所成長。

訓練結束後，距今已經快要一年時間，但是我仍很有感覺。舉例來說，為了體會認真「聆聽」的重要性，黑老師要我們進行兩種演練：一種是聽講時看著對方，並做出反應；另一種則是聽講時，漫不經心，透過演練，我們就很清楚感受到兩種聆聽態度的差別。

因為親身演練過，所以我更清楚，當自己講話時，如果別人認真聆聽，會是什麼感受，因此，現在當同仁跟我說話時，我就會提醒自己，必須好好聆聽。

在課程中，我們也會談心，分享最有成就的事，並寫卡片，感謝彼此，像我就感謝了司機和保鑣。有人在感謝其他同事時，第一句話還沒說出口，就先哭了，現場氣氛非常感人。

從杜拜回來後，我也明顯感受到團隊的改變，或許是把心裡的話都說開了，大家在相處上更能夠信任對方，這大概就是所謂的「心理安全感

（psychological safety）」。

黑幼龍老師曾經問我，為什麼這麼重視學習成長，努力做好領導工作？我想，初衷是一份感恩的心。

當年我在美國念伯克利音樂學院（Berklee College of Music）時，很多同學都才華洋溢，但後來他們不是放棄了音樂，就是很辛苦地做音樂。相形之下，我趕上了台灣九〇年代ＡＢＣ歌手的浪潮，在音樂產業有了一個很好的起始點，至今仍能從事音樂這一行，真的是無比的感恩。

多年下來，我常感到演藝生命其實很脆弱，我現在還能站在舞台上，是非常幸運的事。因此，應當帶著一顆感恩的心，在公司、在家中、在舞台上活出寶貴的生命。

我因為感恩，而有了使命感，期許自己能夠好好為音樂產業做一點事。為了實現這個理想，除了我的努力，更需要堅強的團隊作為後盾；而成為一個好的領導人，也更形重要。

對我而言，領導的最高境界，就是領導人已經忘記了自己，付出一切，只為了讓理念獲得實踐。

04

讓同仁覺得你懂他，就會有向心力

麗明營造董事長 吳春山

「公司即家庭，家和萬事興」，我始終覺得必須先給同仁最好的，他們才會在工作上全力以赴……

（照片／吳春山提供）

我是彰化員林的農家子弟，出生後，父親晚了近一年才幫我報戶口，進入小學就讀時，又因為聽不懂老師的鄉音，要賴不去上課，一年級讀了兩次。因此，從小學開始，我的實際年齡比同學大，身高也比較高，自然而然，成為班上的孩子王。

因為家境並不好，從小就會利用週末打工，高工時當捆工跟著卡車到外縣市，一次可以賺五百塊，星期一回到學校，會到福利社買東西請同學、學弟們吃，大家都把我當老大。或許是這種慷慨分享的性格，後來自己創業，即使公司前途未明，當時老東家還是上市公司，卻仍有二十多位同事選擇跟著我。黑幼龍老師在這方面給予我很大的肯定與鼓勵。

我高工畢業後就開始工作，雖然無法繼續升學，但是學習心很旺盛，要求自己每年都要參加短期課程。像我在工地當組長時，得知東海大學開了「總經理研究班」，當時連總經理在做什麼都不太清楚，還是跑去上課。

除了上課，也熱中參加社團，第一個社團就是員林青商會。有一次，青商會邀請黑幼龍老師來演講，聽他談起引進卡內基訓練的點點滴滴，覺得很感動。黑老師在台中開班，我就去報名，是卡內基台中班第一期的學生，每次騎一個多小時的摩托車從員林到台中上課。之後又陸陸續續上了好幾種課程，也回去當過幾次學長。

原本對自己的口才不太有信心，卡內基訓練給了我很大幫助。之前我在工地當監工，上了卡內基訓練後，向老闆毛遂自薦，轉換跑道當業務。前四個月業績都掛零，隨著經驗的累積，銷售能力開始得心應手，最高紀錄曾經一年賣出兩百戶的房子。記得有一次搭飛機遇到朋友，手邊連設計圖都沒有，只是拿餐巾紙畫一畫，竟然也賣出了兩戶房子。

以身作則，建立良好公司文化

如果不是因為轉做業務，建立起人脈網路，應該不會創業，自然也不會有今天，卡內基訓練對於我的人生，真的影響很大。

談到領導，我認為首要之務，就是「以身作則」。

除了因公出差，我每天六點起床，七點半就會到公司，自己都這麼做了，同仁自然不敢遲到。

建立公司文化，是領導人的責任。我從創業第一天起，就在公司成立了早會，之後演變成讀書會，每天早上七點五十五分，公司的內業同仁到班，集合在會議室裡讀書，花三十分鐘，每人輪流念個三、四頁，書單由我親自挑選，以財經、勵志類為主。透過晨間讀書，每個同仁一週至少有兩個半小時在讀書，而且也幫助大家在正式工作前，可以沉澱思緒。

我經營公司的理念是：「公司即家庭，家和萬事興。」我始終覺得必須先給同仁最好的，他們才會在工作上全力以赴，給客戶最好的服務，如此一來，公司才會更好，形成「善的循環」。因此我把每個案子百分之二十五的利潤都分給同仁，股東們認同我的理念，也都支持我的做法。

我們公司現在有五百多人，除了總公司，還有工地同仁，為了建立交流平台，公司每週出版內部《給我報報》，除了我和高層主管會寫文章，也會報導各工地的狀況，以及分享同仁的生日和各種喜事。而各工地也輪流負責印製《工地寫真週刊》，該工地主管也要分享工作心得，他有沒有用心帶團隊，字裡行間都讀得出來。

卡內基訓練強調關心、鼓勵，對於從事領導工作，也有很大的幫助。每當我到工地巡視，即使不一定能記得每個人的名字，但是我會利用見面的機會，問他們：「你來多久了？」「工作上有什麼困難？需要什麼幫助？」「你覺得怎麼做會更好？」

透過提問題，現場工地同仁就會透露內在的心聲。比方說，有人覺得公司很好，但是工作內容太單調，我就會跟他的主管討論，是否能幫他調整工作內容，讓同仁覺得你懂他，他對公司就有向心力。

把眼光放遠，打造公司代表作

日本黃帽株式會社創辦人鍵山秀三郎說：「十年始成企業，二十年領先群倫，三十年史上有名。」企業經營不易，永續經營更難。因此，企業領導人除了關注眼前的獲利，也要為企業規劃長期發展的藍圖。

創立麗明營造後，前六、七年都沒什麼賺錢，一九九七年金融風暴，我們因為承接了很多大型住宅案，建商紛紛倒閉，公司也遇到很大的困難，後來才轉型改接大賣場、學校、醫院及廠辦等財務比較健全的案子。

大約到了第十二年，公司漸入佳境，逐漸穩定，但是仍然有很多人沒聽過我們公司，正好新的「台中市政府大樓」招標，我認為是打開知名度的好機會，於是積極爭取，也順利得標。當時工期為時三年，等於是三年的免費廣告，因為這個案子讓更多人知道，我們可以做高規格的營造工程。

有了這次合作經驗，市政府就主動上門，希望我們能夠承攬已經五度流標的臺中國家歌劇院案。由日本建築大師伊東豊雄畫出來的設計圖，執行難度很高，而且我評估，接這個案子大概得賠兩億元，起初真的是天人交戰。

不過，我相信，公司要走得長遠，一定要有代表作，於是就盡力說服股東，把虧損當做繳學費。後來內部七人小組投票，四比三的些微差距，決定接下這個案子。

施工期間，因為難度實在太高，工班跑掉十幾組，還發生廠商捲款逃逸……各種棘手問題都得一一解決；加上設計方是日本人，要求很高，團隊經常開會到半夜，引起同仁家屬的抱怨，我除了私下請同仁吃飯，還要打電話安撫家屬。

透過臺中國家歌劇院這個案子，各界都看到了我們公司的實力。完工後，陸續接到很多大企業的邀約。由於施工的準確度高，工地也沒有發生勞安事件，伊東豊雄對我們非常滿意。他後來在日本的展出，請我們去負責製作樣品，還特地要同仁穿上麗明的制服，「我要讓全世界看到你們的公司！」

如今，麗明營造成立超過二十五年，在這四分之一個世紀中，身為企業領導人，我覺得自己除了不斷要學習、參加培訓之外，也要將公司塑造成一個學習型的團體，數年前我接受ＴＶＢＳ電視節目訪問時，也曾強調，領導人要帶著大家一起學習。目前我們已經交出了代表作，下一個目標，就是讓公司的名字成為這個行業的代名詞，這也是我們正在努力做的事。

05 主動關心寫卡片，團隊更緊密

全雄公司總經理 林楷頤

做好領導工作，不只公司可以管理經營得更好，自己也更快樂，家庭生活也變得更幸福了。

（照片／林楷頤提供）

我大學就讀逢甲機械系，是個典型的理工系男生，做事都可以做得很好，但是溝通表達比較差，特別是要上台講話時，我經常就面紅耳赤，說不出話，加上我大學時代皮膚又黑，因此得了一個封號，叫做「黑又紅」。

畢業後，我在父親創立的螺絲工廠上班，雖然是從基層做起，但是大家都知道我是第二代，流言蜚語不少，甚至還有老師傅會來給我下馬威，我曾經一度想離開，但是父親只給了我六個字：「少說話，多做事。」於是，接下來十年，我就專心學習，努力充實螺絲製造與檢驗的相關技能。

改變，從參加卡內基訓練開始

我第一次當主管，就是擔任品管部門的主管，因為個性內斂，不像父親那麼強勢，但是遇到不良率太高時，難免還是會把師傅叫來訓斥，結果搞得雙方都會一整天心情都不好。

大概在兩年前，有一次我出差，在飛機上看了一本卡內基訓練連桂慧講師寫的《說好話的力量》，這本書讓我很有共鳴，決定報名卡內基訓練。記得當初要上課，走到辦公室門口時，我的心情還很緊張，好不容易才鼓起勇氣踏進去。

卡內基訓練的課程，每一堂都要學員公開發言。坦白說，剛開始我真的很排斥，但是每個人都得上台，我也只能硬著頭皮上場。講完後，學員還要互相票選，沒想到我竟拿到「人際關係」、「衝破障礙」、「最高成就」等三項大獎。這次的肯定，也讓我意識到：「其實我是做得到的。」從此對自己愈來愈有信心。

上了卡內基訓練後，我在公司從事領導工作時，也做了很多改變，其中之一就是開會。

我們公司的生產線大概有六十位員工，以前父親認為全員開會效率差，所以只由五、六個主管一起開會，再對員工布達命令。然而，因為這樣的方式是第二手傳播，命令傳到基層員工時，有時候已非原始版本，結果常會造成員工反彈。

自從我對上台講話已經有相當自信後，每週一早上就全員到齊，進行約一小時的會議，把當月的業績目標、相關政令，直接跟員工溝通，從此就不再發生誤解，加上我又承諾獎勵，公司業績也開始上揚。

另外，我跟員工互動時，也會付出更多關心。以前多半就是見面時打招呼，現在我會找機會跟他們聊聊心事。比方說，我們公司的請假制度還是人工作業，員工必須拿假單讓我簽名，我就會問問請假的事由，如果員工家裡發生事情，我就會慰問幾句。

兩年前，有一位基層包裝人員的兒子出了車禍，今年他又為了女兒出車禍來請假，我就跟他說：「之前你兒子車禍，現在是女兒出事，當媽媽的真是辛苦。」事後，這位員工寫卡片給我：「總經理，沒想到兩年前的事情你還記得，謝謝你的關心。」

另外，公司發年終獎金時，員工除了收到通知，載明獎金天數和金額，還會有「總經理的話」，我會針對每個人的狀況，寫一段話送給他們。

像是一位在公司有二十年資歷的老員工，他的太太身體有點狀況，所以我寫給他：「健康無價，太太的健康要照顧好，其他事不用煩惱。」開工後，員工看到我，連聲說：「總A，真是太感謝你，我太太現在沒事了。」

換位思考，員工也寫卡片暖心

卡內基訓練對我最大的影響，就是學會站在對方的立場看事情。有一位從別的工廠跳槽過來的員工就跟我說，她在前東家工作時，管理階層對她很沒禮貌，做錯就罵人。但是我不一樣，我先了解她的背景（原來是單親媽媽），不時給予關心。有一次，我看到她走路跛著腳，還特地前去詢問狀況，她趕緊解釋自己是在家裡踢傷的。

之後，這位員工還寫了一張卡片給我，說我會站在員工的立場看事情，讓她覺得很溫暖，如果可以，她一定要在這裡待到退休。

我從卡內基訓練帶進寫卡片的文化，不但我愛寫卡片給員工，員工也愛寫卡片給我，回饋他們的感受。有人告訴我：「總經理，聽你講話，我被你鼓勵到了。」也有人說：「能在這家公司工作，真的好幸福。」看到這些心聲，我也是滿滿的感動。現在像 Line 這樣的通訊軟體雖然很方便，仍遠不及實體卡片要來得有溫度。

身為領導人，我率先改變自己，後來我又到台北參加黑幼龍老師親自教的「卓越總經理班」。不僅員工感受到了我的熱忱、親和力，他們也跟著有所改變。例如，公司某些資深主管，原本跟我的關係就只是表面上的尊重，聽命行事；但自從我改變了，開始聆聽他們的意見，跟他們聊心事，漸漸地他們也跟我站在同一陣線，雖然我一個人可以衝得很快，但若是一群人一起努力，一定可以走得更長遠，這也造就了公司的業績一路往上成長。

因為同仁的向心力強，客戶來拜訪時，看到每個人都面帶笑容，跟其他工廠的氣氛很不同，因此客戶願意下單給我們，即使去年螺絲產業的景氣不是很好，我們卻沒有受到太大的影響。

主動關心，我的家庭更可愛

上過卡內基訓練後，我也將所學帶進家庭。一直以來，因為工作忙碌，我常在公司待到晚上七、八點，回到家裡，兩個女兒已經在寫功課，我平時也不過問她們的功課，親子間很少有互動，現在我也會找機會跟孩子談心。

比方說，我會藉口肌肉痠痛，找女兒過來幫我按摩。小女兒來得慢，我問她原因，她說她在吹頭髮，然後我們就從髮型的話題聊起。至於大女兒已經念高中，剛跟國小同學吃完烤肉，她就跟我分享她在聚會中的見聞。

至於我跟太太，原本也找不到話題可聊，有時候一星期的交談可能不超過十句。後來，我先是寫卡片給她，感謝她對這個家庭的付出，她一收到卡片就感動得哭了。我再跟她培養共同的興趣，夫妻倆一起騎單車小旅行，彼此更容易敞開心扉。

自從我主動對家人付出關懷，不論是在親子、夫妻之間，更常聊聊彼此感興趣的話題，彼此關係也變得更為親密。這跟我和員工相處，其實是相同的道理，只要你願意站在對方的立場思考，人與人之間的隔閡，就能迎刃而解。

可見做好領導工作，不只是公司可以管理經營得更好，自己也更快樂，家庭生活也變得更幸福了。但願我未來的一生能繼續如此，更希望我也能幫助他人成為領導人。

特別收錄——為人父母，也需要領導力

自從台灣卡內基訓練從一九九〇年創立了「青少年班」，多年來，我們幫助了許多年輕人提升自信，培養溝通能力，他們的改變顯而易見。然而，我們也發現，如果孩子改變了，但是家長本身的教育心態沒有改變，孩子反而會感到很挫折。

舉個例子來說，在青少年班，我們會讓孩子寫感謝的信，有一名孩子就寫信給父親。父親收到信後，不但沒有正面回饋，反而指責他：「怎麼錯字這麼多？」不難想像，孩子的心裡會多麼失望。

因而我們從二〇一八年起，設計了「慢養父母班」，就是希望能夠幫助父母改變心態，進而促進親子溝通。

有句廣告詞是這麼說的：「我是在當了爸爸後，才知道怎麼當爸爸的！」這句話道出很多父母的心聲，沒有一個父母，是在已經懂得父母後，才當父母的。為人父母的過程，就是得不斷地學習和摸索。

不論是透過出書、演講，我一直在提倡「慢養」的觀念。相較於「虎媽」高壓式的教育方式，我更希望父母能夠給孩子多一點空間，讓他們慢慢學習，找到最好的自己。「慢養」是給子女最好的資產，不但能夠幫助孩子培養出好性格，親子關係也會更加融洽，成為真正幸福的家庭。

親子間，也要專注聆聽

前面我提過彼得·杜拉克的「尊重與成長」好公司理論，一家好公司，會尊重員工，並且以正面的態度，帶領員工跟公司一起成長。

美國心理學家亞伯拉罕·馬斯洛的「人性需求層次論」則告訴我們，人的「歸屬感」和「重要感」滿足後，就會進入「自我實現」的層次。所謂自我實現，我認為包含了兩個方面：一個是能力上變得「更能幹」，另一個則是性格上變得「更好」。

仔細想想，一個家庭不也應該是這樣嗎？如果把家視為一個公司，父母是領導階層，子女是公司員工，當孩子在這個「公司」裡感受到尊重，並獲得自我成長的機會，他因為擁有歸屬感和重要感，進而得以自我實現，他就可以成為一個更好的人。

從這個角度來看，很多跟領導有關的關鍵能力，包括了親和力、尊重、溝通、關心他人、讚美、激勵等，都可以用在子女的教養上。

舉例來說，領導人必須專注聆聽員工的心聲，眼睛要看著對方，要有所反應，才會有良好的溝通。同樣的道理，當孩子跟父母說話時，父母也應該好好聆聽，而不是將心思放在手邊的事情上。

有一次，我去某家公司演講，提到了聆聽的重要性，後來總經理就站起來分享。他說，有一次十歲的兒子跑來跟他講話，他眼睛一直盯著電腦，兒子就說：「反正講了也沒用，我不講了。」然後就跑掉了。

吃晚飯時，這位總經理想起了這件事，他一再追問，兒子才吐露原因。原來他的兒子非常怕水，他就特別找了位游泳教練一對一教學，那一天兒子終於學會了游泳，迫不及待想告訴爸爸。然而，他差一點因為沒有好好聆聽，而使兒子不想跟他分享這突破，而影響了父子間的感情。

還有一次，我在蘇州上課，當天的作業就是要學員回家後專注聆聽，隔天再回來分享。有位女性高階主管回家後，當晚她七歲的兒子過來跟她講話，她就特別放下手邊的事，專心聽他講話。晚上，她送兒子上床，兒子有感而發地說：「媽媽，謝謝妳今天這麼愛我。」她對兒子說：「媽媽一直很愛你啊！」兒子卻說：「媽媽，妳從來沒有愛過我。」

一問之下，她才發現，之前兒子跟她講話，她是一面聽，一面都在忙別的事情，所以才給了兒子這種感覺。這位學員在課堂上講著講著就哭了，她說，還好她來上卡內基訓練，做了這個練習，否則她永遠不知道孩子內心的感受。也可能發現了，但為時已晚。

找到孩子的優點，讚美他

讚美，是贏得合作的最好方式。如果領導人經常讚美員工，他的團隊一定充滿士氣，願意對工作全力以赴。如果父母經常讚美孩子呢？

有位媽媽來上卡內基訓練，講起孩子，說著說著，竟然就哭了出來：「我的孩子每次考試都是十幾名，總是一副沒勁的樣子，我為他擔心死了，講又講不聽！」講師建議這位媽媽，每天找三件事肯定孩子，並且把肯定的內容寫在小卡片上。講師遞給媽媽一疊小卡片，請她回去試著做做看。

面對這項功課，這位媽媽一臉沒有信心：「老師，這太難了，我的孩子沒有什麼優點，每天看到他，總是讓我擔心。」

「每個人都有優點，只要妳好好觀察，一定能找出他的優點。」在老師的鼓勵下，這位媽媽回去後，就很努力注意孩子的表現，並且把本來要責備孩子的話忍住，最後終於寫下三張小卡片。

她發現，每次給予孩子肯定和鼓勵後，下次孩子就會願意多做一點。孩子開始會幫忙擺碗筷、洗碗，而且也準時把功課做完。後來，這位媽媽不再寫小卡片，而是直接買了一本筆記本，稱之為「我家的讚美筆記」，把每天對孩子的讚美都寫下來。孩子也會寫下給家人的讚美，「讚美別人」從此成為這家庭裡一個很棒的習慣。

父母如果能夠經常讚美孩子，不但能夠改正孩子的偏差行為，還有一點很重要，就是幫助孩子看見自己的優點。

很多人會放大自己的缺點，縮小自己的優點，認為自己一無可取，也無法改變環境，長期下來，不但失去自信，對於未來也沒有動力。如果父母讓孩子認為自己沒有優點，從此就像隔著灰色鏡片看世界，一切都是灰濛濛。

經常受到父母讚美和鼓勵的孩子，會正向看待自己的優點，對自己有信心，也能樂觀面對各種挫折或困難，人生就會朝好的方向前進。

當孩子的玩伴、朋友和顧問

很多年前，我在北京接受電視訪問，主持人問我，該怎麼做才會有更好的親子關係。我的回答是：「孩子小時候，父母要當他們的玩伴；當他進入了青少年階段，父母要當他的朋友；孩子長大成人後，父母要當他的顧問。」

當時提出「玩伴、朋友、顧問」這三個重點，只是一時的靈感，事後愈想愈喜歡，後來不論是演講或接受演講時，我也經常分享這個三階段論。

股神巴菲特有個兒子，叫做彼特．巴菲特。有一次他接受訪問，提到小時候他留意到別人的父親下班回家時，經常是累得不想說話；然而，自己的父親下班時，卻是面帶笑容，即使手上還拿著公事包，上衣還掛在肩膀上，父親會在屋前的草地上牽起他的手，與他說話，或是一起打籃球。

那時候巴菲特的事業還沒那麼成功，下班回家，一定也很疲憊，但是他還是樂於當孩子的玩伴，代表他真的非常重視親子關係。

孩子小的時候，在他眼中，父母就是高高在上，給他很多指令，像是吃飯、睡覺、洗澡、起床……，跟他有距離。然而，當親子玩在一起時，父母不再是權威形象，而是可以親近的對象，自然就拉近了彼此的關係。

孩子小的時候，我到國外出差時，最常買的東西就是玩具，像是一整組的積木，或是一整套的賽車組合。等我回到家，第一件事就是把玩具拿出來，跟孩子一起組裝，而且陪他們一起玩。記得有一次，我買的賽車組合是警匪大戰，軌道組好後，我跟孩子們就展開警匪追逐大戰，大家都玩得好開心。

當孩子進入青春期，開始會有很多煩惱，像是有喜歡的異性朋友了，跟同學相處得不好了，或是同儕團體的壓力等，這時候，父母就要當孩子的朋友。

在家裡用對了領導力，能當一位快樂的家長，多好！（我與四個孩子合照）
我想不起什麼曾為他們操勞的事，包括學業在內。結果老大是耶魯碩士，老二是洛杉磯加大（UCLA）醫學院畢業，女兒是加州爾灣大學畢業，老四是史丹佛大學碩士。
但最重要的是，他們的品德，還有對他們小孩的關愛，真的比我還要好。

什麼是朋友？朋友就是你可以敞開心房，願意吐露心聲的人。父母當孩子的朋友，就是不要教訓孩子，跟他們講大道理，而是專注聆聽。

孩子願意說出他們的苦悶，父母才能夠給他們支持，他們也才願意接受你的支持。因此，我一直覺得「聊天」是很重要的家庭活動，但是不能只有父母說，孩子聽，相反地，父母更需要當個聽眾，引導孩子分享心事。

給建議，不必幫他做決定

隨著孩子長大成人，有了自己的事業和家庭，他也會有很多疑惑需要解答，父母這時候就該進入顧問這個角色。顧問的功能就是諮詢，你可以提供建議，但是不要幫當事人做決定，而且你還要讓當事人了解，他必須為自己的決定負責。

以小兒子黑立行為例，他在史丹福大學念的是機械，本身又很有藝術天分，研究所畢業後，他就進入了知名的產品設計公司IDEO，不但待遇好，而且也兼顧了他的興趣和專長。

然而，他在那家公司待了五年多，他想要辭職，決定自己創業。站在父母的立場，我當然不希望他放棄這份工作。但是他心中已有定見，我和太太只能全力支持，並以自己創辦卡內基的經驗，提點他如何當老闆。

立行自立門戶，公司經營得很不錯。但是，幾年前，他跟創業夥伴打算把公司賣了。他仍然找我詳談，其實就跟他當初創業一樣，內心已做了決定，他找我諮詢，除了想聽聽我的意見，也是提醒自己要考慮得更周全，而且更要為決定負起責任。

每次立行有事找我談時，都是邊談邊做筆記，一直到近年，他已經四十多歲了，還是如此。連他自己都開玩笑：「有多少成年人跟爸爸談話時，還會做筆記！」我不得不承認，他願意找我尋求建議，代表我在他心中是個值得信任的人，真的是很開心的事。

領導人的最高境界，就是他所領導的團隊，每位成員都能充分發揮潛力，他也不必萬事操煩，是個快樂的領導人。為人父母何嘗不是如此？如果我們能夠在孩子不同的階段，將領導相關的各種能力，應用在玩伴、朋友、顧問等三種角色中，孩子會變得更好，親子關係更加融洽，而我們也會是快樂的父母。

領袖觀點 01

走出一條不平凡的領導之路——黑幼龍是如何做到的

作　　者 / 黑幼龍
採訪整理 / 謝其濬
總 編 輯 / 李復民
責任編輯 / 陳瑤蓉
美術編輯 / Javick 工作室
封面攝影 / 陳應欽
照片提供 / 黑幼龍、翁朝棟、何麗梅、王力宏、吳春山、林楷頤
文字校對 / 詹宜蓁
專案企劃 / 蔡孟庭、盤惟心

出版 / 遠足文化事業股份有限公司（發光體）
發行 / 遠足文化事業股份有限公司
地址 / 231 新北市新店區民權路 108 之 2 號 9 樓
電話：(02) 2218-1417　傳真：(02) 8667-1065
電子信箱：service@bookrep.com.tw
網　址：www.bookrep.com.tw
郵撥帳號：19504465 遠足文化事業股份有限公司

讀書共和國出版集團
社　長 / 郭重興
發行人 / 曾大福
業務平台
總經理 / 李雪麗　　副總經理 / 李復民
海外業務協理 / 張鑫峰　　特販業務協理 / 陳綺瑩
實體業務資深經理 / 郭文弘　　專案企劃協理 / 蔡孟庭
印務協理 / 江域平　　印務主任 / 李孟儒

法律顧問 / 華洋法律事務所 蘇文生律師
印　　製 / 沈氏藝術印刷股份有限公司

2020 年 4 月 29 日（平裝版）初版一刷　　定價：360 元
2024 年 9 月 4 日（平裝版）初版九刷　　書號：2IGL0001
ISBN：978-986-98671-0-8

團體訂購請洽業務部 (02) 2218-1417 分機 1132、1520
讀書共和國網路書店 www.bookrep.com.tw

國家圖書館出版品預行編目 (CIP) 資料

走出一條不平凡的領導之路——黑幼龍是如何做到的 / 黑幼龍作 . -- 初版 . -- 新北市 : 發光體 , 2020.04
面；　公分 . --（領袖觀點；1）
ISBN 978-986-98671-0-8(平裝)

1. 領導者 2. 組織管理 3. 職場成功法

494.21　　109004350